本书由国家社会科学基金一般项目"当代西方神经科学中的二元论研究"（15BZX080）资助出版

心灵哲学丛书

高新民 主编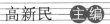

# 当代西方神经科学中的二元论研究

杨足仪 等 著

科学出版社
北京

# 内 容 简 介

在当代西方神经科学取得巨大成就的同时也诞生了形式各异的新二元论，一些著名的神经科学家同时也是二元论者，这种看似矛盾的情况究竟是如何产生的呢？本书以薛定谔、利贝特等当代著名神经科学家的意识理论为典型案例，从神经科学、哲学、语言学、认知科学、马克思主义理论等多学科视域，系统剖析了神经科学家陷入二元论的深层原因，对科学研究及推进马克思主义哲学的发展具有理论价值。

本书适合科学技术哲学、语言学、神经科学、社会学等领域的专家学者、大学生及爱好者阅读。

图书在版编目（CIP）数据

当代西方神经科学中的二元论研究 / 杨足仪等著 . —北京：科学出版社，2024.5

（心灵哲学丛书 / 高新民主编）

ISBN 978-7-03-078404-9

Ⅰ. ①当… Ⅱ. ①杨… Ⅲ. ①心灵学－研究 Ⅳ. ① B846

中国国家版本馆 CIP 数据核字（2024）第 078012 号

责任编辑：任俊红 刘巧巧 / 责任校对：韩 杨
责任印制：赵 博 / 封面设计：有道文化

科学出版社 出版

北京东黄城根北街 16 号
邮政编码：100717
http://www.sciencep.com

北京市金木堂数码科技有限公司印刷
科学出版社发行 各地新华书店经销

*

2024年5月第 一 版 开本：720×1000 1/16
2025年1月第二次印刷 印张：10 1/2
字数：131 000

定价：**88.00元**

（如有印装质量问题，我社负责调换）

# "心灵哲学丛书"

## 编　委　会

# 总　序

心灵可能是世界上人们最为熟悉，也最为神秘的现象了，正所谓"适言其有，不见色质；适言其无，复起虑想，不可以有无思度故，故名心为妙"①。在一般人看来，"心"无疑是存在的，然而却不曾有哪个人看到或碰到过它，但若据此就说它不存在，似乎又说不通，因为心不只存在，而且还可将自身放大至无限，正如钱穆先生所说：心并不封闭在各个小我之内，而实存于人与人之间，它能感受异地数百千里外，异时数百千年外他人之心以为心②。

人类心灵观念的源头可追溯到原始思维。尽管其形成掺杂有杜撰的成分，其本体论承诺也疑惑重重，但它所承诺的心灵却在后来的哲学和科学中享有十分独特的地位。例如，迄今为止，它仍是哲学中的一个具有基础性地位的研究对象。正是由于存在心灵，才有了贯穿哲学史始终的"哲学基本问题"。当然它也历经坎坷，始终遭受着两方面的待遇：一方面是建构、遮蔽；另一方面是解构、解蔽。

心灵问题常被称为"世界的纽结""人自身的宇宙之谜"，是一个千古之谜、世界性的难题。它像一个强大的磁场，吸引着一代又一代睿智之士，为之殚精竭虑、倾注心血，而这反过来又给这个千古之谜不断地穿上新的衣衫，使之青春永驻、历久弥新。当然，不同

① 天台智者.法华玄义.卷第一上 // 大正藏.第 33 卷：685.
② 钱穆.灵魂与心.桂林：广西师范大学出版社，2004：18，90.

的文化背景和致思取向在心灵的认识方面也会判然有别。例如，西方哲学在科学精神的影响下，更关注心灵的本质、结构、运作机制等"体"的问题，而东方智慧由于更关注人伦道德问题，因而更重视寻觅心灵对"修、齐、治、平"的无穷妙用。但不管是哪一种取向，在破解心灵之谜的征程上仍然任重道远，甚至可以说我们目前对心灵的认识尚处于"前科学"的水平。其原因是多方面的，但其中一个重要原因是我们的认识和方法犯了某种根本性的错误（如吉尔伯特·赖尔所说的"范畴错误"），未能真正超越二元论，因而对心灵的构想、对心理语言的理解是完全错误的。这样一来，当务之急就是要重构心灵的地形学、地貌学、结构论、运动学和动力学。

应该承认，常识和传统哲学确有"本体论暴胀"的偏颇，但若矫枉过正而倒向取消主义则无异于饮鸩止渴。从特定意义上说，心灵既是"体"或"宗"，又是"用"，它不仅存在，还有无穷的妙用。说心是"体"，是因为人们所认识到的世界的相状、色彩等属性，以及世界呈现给人们的各种意义都离不开心，因而心是一切"现象"的本体和基质，是一切价值的载体，也是获得这些价值的价值主体。说心是"用"，是因为人的生活质量好坏、幸福指数高低、能否成为有德之人，在很大程度上取决于心之所使，正如天台智者所言：三界无别法唯是一心。作心能地狱，心能天堂，心能凡夫，心能圣贤。① 由此看来，心不仅有哲学本体论和科学心理学意义上的"体"、本质和奥秘，也有人生价值论意义上的"体"和"用"。由于有这样的认识，中国自先秦以降很早就形成了一种独特的"心灵哲学"：从内心来挖掘做人的奥秘，揭示"成圣为凡"的内在根据、原理、机制和条件。从内在的方面来说，这是名副其实的心学，可称为"价值性心灵哲学"，而从外在的表现来看，它又是典型的做人的学问——"圣学"。

在反思中国心灵哲学的历史进程时，我们同样会遇到类似于科学史上的"李约瑟难题"：17 世纪以前，中国心灵哲学和中国科学技术一样，远远超过同期的欧洲，长期保持着领先地位，或者说至少有自己的局部优势，但此后，中国与欧洲之间的差距与日俱增。李约瑟也承认，东西方人的智力没多大差别，但为什么伽利略、牛顿这样的伟大人物来自欧洲，而不是来自中国或印度？为什么近代科学和科学革

---

① 天台智者.法华玄义.卷第一上 // 大正藏.第 33 卷：685.

命只产生在欧洲？为什么如今原创性的心灵哲学理论基本上都与西方人的名字连在一起？带着这样一些疑惑、觉醒意识和探索冲动，一些中国青年学者踏上了探索西方心灵哲学、构建当代中国心灵哲学的征程。本丛书是其中的一部分成果。它们或许还不够成熟，但毕竟是从中国哲学田园的沃土里生长出来的。只要辛勤耕耘、用心呵护，中国心灵哲学的壮丽复兴、满园春色一定为期不远。

高新民　刘占峰

2012 年 8 月 8 日

# 目　录

# 导　论

　　自近代以来，人类科学的每一个划时代的重大发展必定改变着哲学的基本模样。对此，许多人简单地理解为随着科学的每一次进步，哲学唯物主义必定发展一步，哲学唯心主义、二元论必定退却一步，直至完全消失。但真实的历史发展远超人们的想象，出现了一个奇特而复杂的局面：一方面，唯物主义得到了迅猛发展，并占据主导地位，享有话语权；另一方面，唯心主义、二元论在与唯物主义的论战中不仅没有消失，反而是东山再起，竟也实现了可谓同步的发展。更为惊奇的是，一些著名的哲学家、科学家，如谢灵顿（Sherrington）、斯佩里（Sperry）、埃克尔斯（Eccles）、利贝特（Libet）、薛定谔（Schrödinger）、潘菲尔德（Penfield）等走向了二元论，形成了神经科学的二元论的"怪胎"①。何以如此？为什么在科学的进步和唯物主义的发展中，唯心主义、二元论并没有如人们预期的那样退出历史的舞台？科学中的二元论又是怎样的情形？唯物主义当如何应对？马克思主义又当如何应对呢？凡此种种问题，我们不能置之不理或"失语"，我们理应"在场"，并做出回应。

　　毫无疑问，在科学的快速发展中，唯物主义是最大的受益者，它

---

① 杨足仪. 当代脑科学成果的多样性解读. 科学技术哲学研究，2016，（6）：12-16.

不仅享有话语权，而且发展迅猛，这主要表现在以下三个方面。

第一，科学的发展不仅导致了唯物主义的基本结论，还极大地促进了唯物主义的多样性发展。在当代，哲学界、科学界在解读、消化和利用科学研究成果时，有一种倾向是进一步地论证、丰富和发展唯物主义，如有的导致唯物主义的结论，有的导致唯物主义内容的拓展和深化，还有的导致唯物主义形式上的飞跃，从而诞生了许多形态各异的唯物主义或物理主义理论，如同一论、还原论、计算主义、功能主义、随附论、取消主义、解释主义等。可以说，心灵在自然化的过程中，唯物主义、物理主义在心灵哲学领域取得了几乎决定性的胜利，唯物主义成为一种居于主导地位、享有话语霸权的主流立场。

第二，科学的发展极大地扩展了唯物主义的阵营。哲学史上的唯物主义种类繁多，它们的形式、内容、方法、观点和立场虽有不同，但都坚持两个基本原则：一是坚持唯物论，二是坚持可知论。现代的各种唯物主义或物理主义理论除了坚持这两个原则外，还有其他一些"共同点"①。

首先，研究者多半是具有自然主义倾向的哲学家、科学实在论者或对传统分析哲学持怀疑和批判态度的哲学家，以及关心哲学事业的自然科学家。这些人以保卫科学为使命，试图以科学的方式给予心理现象的本质及其内容以完满的解释。因此，他们几乎都形成了实体唯物主义的基本理论共识。在心身问题的解决方案中，他们都否认了心灵的超自然性，走向了心灵的"自然化"，同一论、还原主义、行为主义、功能主义等莫不如此。

其次，研究者的研究旨趣往往是在实体唯物主义或自然主义的理论前提下，对心的性质的形而上学解释。所以，他们并不一概地否认传统的心身问题，主张依据科学的理论框架使传统的心身问题发生变

① 杨足仪.当代脑科学成果的多样性解读.科学技术哲学研究，2016，（6）：12-16.

换。事实上，也正是经过他们的改造，形成了关于心灵、心理、意识等现象研究的"自然化"潮流。同一论倡导者斯玛特（J. J. C. Smart）在评价西方唯物主义的立场时就已指出，科学正提供给人类一种不同于任何以往的观点，凭此能够把有生命的物体还原到物理、化学的结构。例如，有朝一日也可以把人及其行为归结到物理、化学的原因，可以用机械论的语词进行解释。也就是说，以科学之光看世界，除了物理、化学成分繁复的排列组合之外，世界还有什么呢？

最后，除了对脑科学成果进行解读、消化和利用之外，自然主义者还都重视哲学特别是心灵哲学的功能，认为心灵哲学不仅具有描述的功能，还具有解释和预言的功能。一般地，自然主义者往往都致力于心身及其关系的理解和说明，正如阿姆斯特朗（Armstrong）所说的，"心灵哲学就是科学探讨与哲学反思相结合的产物"①。他们坚信：心理状态和认知过程中的不可思议的、错综复杂的事物最终会被揭示出来。

第三，唯物主义与科学携手同行。实体唯物主义或自然主义都是以相关前沿学科为基础，寻求大脑与意识问题的解决方案，因此，当代唯物主义理论中囊括了许多的科学素材、科学例证等科学事实及科学假说，显现出强烈的"科学"与"实证"色彩。例如，在当代西方科学家的意识理论中，邦格（Bunge）的"心理神经一元论"、克里克（Crick）及其合作者科赫（Koch）的意识的"惊人假说"、埃德尔曼（Edelman）的意识"动态核心假说"等，都代表着当代西方心灵哲学在唯物主义框架下"自然主义转向"的基本走向。

布拉顿-米切尔（Braddon-Mitchell）在肯定物理主义在专门的心灵哲学领域取得了几乎决定性胜利的同时，还认为科学中的二元论获

---

① 丘奇兰德. 大脑状态的还原、本质特性和直接内省. 高地译. 世界哲学，1987，（6）：30-39.

得新的信徒也是司空见惯的事情。二元论在当代的发展不仅表现在不断演化出的新形态、新材料和新论证上，还突出地表现在当代科学中形成了多种新的并行不悖的二元论走向。

从学理渊源看，现当代二元论都受到了近代二元论开山鼻祖笛卡儿的重要影响，历经嬗变，派生出众多形态各异的新二元论。其中，有较大影响的、经常被讨论的二元论版本至少有几十种之多，包括新笛卡儿主义二元论、非笛卡儿主义二元论、无体心灵论、谓词二元论等。另外，还衍生出如具身性二元论与非具身性二元论、统一二元论、量子二元论、自然主义二元论与非自然主义二元论、神秘主义二元论等新变种，以及"知识论证""模态论证""本体论论证""认识论论证""量子力学论证""怪人论证""蝙蝠论证"等众多的新论证。更突出的是，二元论在当代科学中形成了包括量子力学走向、神经科学走向、回归或复兴东方神秘主义走向、自然主义走向等多种新的并行不悖的走向。

神经科学中的二元论立场不仅使神经科学中流行的理论陷入科学问题与哲学问题模糊不分或概念的混淆，如赖尔（Gilbert Ryle）所说的"范畴错误"、变相的笛卡儿主义、"部分论谬误"等"各种困境之中"[①]，而且，二元论也以各种所谓的新"成果"向唯物主义发起挑战与诘难，正如著名心灵哲学家、当代唯物主义者利康（Lycan）所说，目前，至少有八种不同的反对意见向功能主义以及一般意义上的唯物主义袭来[②]。

的确，在二元论的各种反唯物主义的论证中，有些是极其尖锐的，甚至是唯物主义在一定时期内难以化解或同化的，也是辩证唯物

---

① 杨足仪，李娟仙. 意识研究中的二元论及其困境. 自然辩证法研究，2017，（2）：110-113.

② Lycan W. Mind and Cognition: A Reader. Cambridge: Blackwell, 1990: 441.

主义心物问题中的"新唯物主义"的难题。但正所谓好坏相随、福祸相依,从辩证法的视角看,难题的出现往往预示着事物发展的重大转机,它们有可能成为推动唯物主义向前发展的新起点、新契机,乃至于开拓创立新理论,这就值得,也需要我们下大力气去深入研究。

# 第一章
## 西方神经科学中二元论的发展历程

　　常言道："人心难测！"此话无论是从科学、哲学还是从宗教的立场上来说都不为过。心灵宇宙浩瀚无边，几千年来，有多少大家为此殚精竭虑，终其一生都不敢宣称"心"已说清！迄今，对人类来说，心灵、灵魂依然是世界上最深奥、最神秘的未解之谜，被称为人自身的"宇宙之谜"，正如圆性法师在《所谓心就是》中所说的：

　　　　心真是个奇怪的东西

　　　　我明明在这儿

　　　　它却在千里之外游荡

　　　　我明明什么事都没做

　　　　它却一会儿制造极乐一会儿制造地狱

　　　　又不是雨季

　　　　它却一会儿阴一会儿晴

　　　　又不是灶台

它却一会儿热一会儿冷

又不是温度计

它却一会儿高一会儿低

又不是橡皮筋

它却一会儿绷紧一会儿松弛

身体只有一个

它却像佛珠一样数之不尽

有时像赶牛一样鞭打着我的身体

有时又像喂猪一样让我的身体肥壮无比

它开了门就可以融入整个世界

它关了门又连根针都难以插进

　　智慧的莲花仙子，就请您告诉我一句话"所谓心就是……"

我没什么可说的

快打破水罐下山去吧。①

　　的确，心灵、意识问题不仅是哲学关注的基本问题，也是科学特别是神经科学研究的前沿性课题。当前，在意识研究的潮流中，许多著名的哲学家和相当一批顶级神经科学家卷入其中，倾注了巨大的热情和努力，使人类关于意识、大脑的图景不断地刷新、升级，形成了蔚为壮观、形态各异的唯物主义、二元论的心灵观念与意识理论阵列。在此阵列的唯物主义与二元论的两大历史走向中，令唯物主义不好解释的一个现象是：尽管许多神经科学家为唯物主义的发展提供了新材料、新论证，使我们对大脑的认识大大向前推进了，使我们不断地获得一幅幅关于大脑的结构论、地貌学、运动论和动力学的全新图

---

①　圆性.心灵.沈荣萍译.北京：作家出版社，2006：177.

景，然而"反常"的是，许多著名的神经科学家却走向了二元论，形成了神经科学的种种二元论"怪胎"。

## 第一节　神经科学的萌芽与原始灵魂观

长期以来，人自身的"宇宙之谜"，如灵魂问题、意识问题、心身关系问题等，只能是哲学家们思辨的主题，因而，对意识的研究被看作是哲学探讨的天职。但事实上，人类一直在努力地寻找如何科学地研究意识问题。经过千百年的探寻，今天，我们已经形成了专门以脑为研究对象的科学——脑科学，或称神经科学。神经科学是在心理学、生理学、生物学、计算机科学、信息科学、人工智能、医学、哲学等众多学科基础上对大脑的结构、功能、活动过程及机制等的综合研究，其中包括感知觉、运动、记忆、语言、思维、情绪、意识研究等。纵观人类神经科学的心灵探索历程，大致可分为脑科学的萌芽时期、脑科学的启蒙时期、脑科学的发展时期及脑科学的最新发展四个阶段。相应地，形成了种种不同的神经科学的意识假说，也产生了形态各异的二元论。

考古学、人类学等研究成果已经揭示了史前时期人类对大脑的基本认知。那时的人们尽管搞不清楚灵魂、思想、意识与大脑究竟是什么关系，但他们已经知道对于人、对于生命来说，大脑有极端重要性。

据考证，人类早在1万年前就已经在颅骨上做开孔手术的实验，其理念就是给邪恶的病魔一条逃出大脑的通路，达到治疗头痛或精神障碍的目的。古埃及的医生已经认识到了脑损伤会导致许多症状。约公元前4世纪，古希腊的希波克拉底就已认识到：大脑不仅是感知的器官，也是智力的中心。当然，这种观点在当时太过超前，不被人们所接受。那时，普遍盛行的是"心是智力的中心"的观念。

那么，"心"是什么？"心灵""灵魂"又是什么？今天，我们可以通过反映原始人社会生活的经济、政治、文化等方方面面的遗物、遗迹，从考古学的挖掘、考据，人类学的甄别、检视，民族志学的调查、描述，语言学的系统研究，多学科、多向度地揭示古代人类心灵观念发生和发展的脉络延伸。研究表明，原始的灵魂观是早期人类社会普遍存在的观念，而最早的"心灵"就是从原始的"灵魂"演变来的。事实上，世界上很多民族在历史发展中都产生过相似的原始灵魂观念，比如，古罗马人所说的"普纽玛"（pneuma）就是我们中国人称作"灵魂"的东西。

原始人最基本的信仰与最主要的观念就是万物有灵论和灵魂不死论。其实，"在远古时代，人们还完全不知道自己身体的构造，并且受梦中景象的影响，于是就产生一种观念：他们的思维和感觉不是他们身体的活动，而是一种独特的、寓于这个身体之中而在人死亡时就离开身体的灵魂的活动"[①]。这实际上就是原始人对人的肉身、感觉和思维、意识及梦的解析，其最大特点就是二重化或二元化。原始人把自己及其所见、所思、所梦都二重化：一方面，他能生动地、直观地感受到他是一个有血有肉、有生命的实体性存在；另一方面，他又朦胧地、笼统地意识到他是一个会思考、会做梦、可以离开生命肉体的灵魂性存在。以此类推，原始人把这种二重化的朦胧认识推广到他所见、所思、所梦的一切对象身上，认为世间万物无论是人还是日月星辰、山川草木、飞禽走兽、电闪雷鸣都既是实体性存在，又是有灵的存在，于是就产生了万物都是有灵的观念。

---

① 中共中央马克思恩格斯列宁斯大林著作编译局.马克思格斯选集·第四卷.北京：人民出版社，2012：229-230.

万物有灵是原始人最基本、最普遍的观念与信仰。在万物有灵信仰的支撑下，那些生活中与种族、氏族息息相关的具有标志性的图腾都会成为原始人崇拜的对象，如以某种动植物或奇特物件为对象的图腾崇拜、对各种自然现象的自然崇拜、对有神秘灵性的灵物的崇拜、对远逝的祖先的崇拜、对偶像的崇拜等，进而产生了原始的宗教和神话。显然，基于原始的思维水平和低级的认知能力，原始人无法分辨出世界万物的千变万化，也无法把握其背后的本质。今天，透过原始宗教、原始神话、原始崇拜、原始信仰、原始话语等原始人生活中的面面观，可以肯定地说，原始人认识、把握实体世界与神秘、隐匿的灵性世界的种种方式大概是直观、猜测、想象、隐喻、类比、比附等。为了进一步地认识并描述这一神秘世界，原始人举行了克里普克（Kripke）和普特南（Putnam）所说的"命名式"，给所谓的灵魂世界安名立姓，于是就产生了"心""心灵""灵魂"等各种各样的"心理词语"①。

在原始灵魂信仰体系中，灵魂不是肉体那样的实体性存在，而是被认定为类似如空气那样的某种气息的东西。它居无定所，不受任何东西羁绊，可以寄居于人的躯体、各种飞禽走兽的身体、山川草木之上，也可以游荡于空旷的山野之中。原始人当然见过活人变死人，肉体变尸体，但由于其坚定的灵魂信仰，他们确信"死人活着"，认为人死后他的灵魂会继续以幽灵或游魂的形式存在着，死亡只不过是生命形式的转换而已。当然，如果要进一步追问"灵魂是什么""灵魂可以认识吗""躯体与灵魂是什么关系"这些问题，原始人肯定无法将其上升到哲学的高度进行诠释与解释，更不能做出科学的回答。但无论如何，灵魂观念毕竟是人类对灵魂与肉体、生与死及人与外部世

---

① 杨足仪，向鹭娟.死亡哲学：理性思考死亡，感悟生命的意义.北京：中国友谊出版公司，2018：25.

界关系最早的解释，是人类认识史上不可逾越的必经阶段。

自古至今，中国的民间信俗与信仰体系中的灵魂、神灵、鬼魂是如影随形、密不可分的。《礼记·卢辩注》是这样阐述的：神为魂，灵为魄，魂魄阴阳之精，有生之本也。及其死也，魂气上升于天为神，体魄下降于地为鬼。这非常简明扼要地阐明了灵、鬼、神之间以及它们与天地、阴阳的相互关系。魄主形体，来自地，归阴。魂魄合则生、离则死，魂魄的合离就是生死转换。人生，魂魄合为一体；人死，魂飞魄散，各归其位。此时，魂归天，为神，魄归地，为鬼。所以，《礼记·祭义》说：众生必死，死必归土，此之谓鬼。《礼记·祭法》又说：人死曰鬼。《说文解字》也认为：人所归为鬼。其实，在原始人看来，人、鬼、神相通，只是等级不同罢了。人，可以成神，也可以成鬼。不是所有的人都能成神，但是所有的人都会成鬼。鬼，或称鬼神，实为低级的神。神，实为高级的鬼。越来越多的考古发掘表明，原始人厚葬的传统并不仅仅是情感的表达，更是因为他们相信人死后，其灵魂活在另一个世界，继续享用着这些殉葬品。

对"灵魂"进行认真讨论并专门研究，始自古希腊时期的宗教与神话，而把灵魂作为基本主题上升到哲学高度的是柏拉图。他是西方哲学史上将灵魂问题理论化、系统化的第一人，他是西方哲学史上影响最大的哲学家之一。现代著名哲学家怀特海（Whitehead）曾感叹说，几千年来的西方哲学只不过是柏拉图哲学的一系列的脚注而已。从整体上说，柏拉图的哲学理论体系主要是由理念论、认识论、道德论等构成的。其中，灵魂观又占有重要的地位。在《国家篇》《斐多篇》《费德罗篇》等著作中，柏拉图都对灵魂观进行了论述。从他对灵魂的规定性、结构性、灵魂与肉体的关系、灵魂的不朽、灵魂的净化等问题进行的全面阐述看，柏拉图将古老的灵魂思想发展到一个系统性的全新的高度。

古希腊时期，"灵魂"基本上分为狭义和广义两种。狭义的灵魂仅仅是指"人的灵魂"。广义的灵魂意味着"万物有灵"，即世界上万事万物都有灵魂。柏拉图赋予灵魂原初性、原动性、先验性。他认为，万物的灵魂是神在创造世界时置入万物形体之中的，因此，一切事物中，灵魂先出现在宇宙中，灵魂是最初的东西，"是先于一切形体的，是形体的变化和移动的主要发动者"①。可见，在柏拉图的理论中，灵魂是广义上的，其基本含义是指推动一切事物运动的本原，具有自我运动的不朽性，是生命运动的原则。对宇宙万物来说，没有灵魂，动物、植物就没有生命，事物就不会运动。正是灵魂的注入，生物才有了生命，事物才能永无止境地运动。这意思是说，事物的生命力、运动活力在于其自身的灵魂。没有灵魂，那事物就丧失了生命力与活力。灵魂推动事物无休止地运动，无开端也无终点，永远运动着，灵魂是不朽的。②

灵魂特有的自动本质与理性特征赋予灵魂不可毁灭性或不朽性、为善为恶的善恶性、生死流转的轮回性及错落有致的等级性。在《费德罗篇》中，柏拉图指出，凡是灵魂都是不朽的，因为永远运动的东西都是不朽的。自我运动的那些东西其动力在于自己，源于其自身的本性，所以，它的运动是永恒的，既不会静止不动，也不会由动转静。正是这种自我运动构成了一切事物运动的原初本质……它不是被产生的，它也不会被毁灭。必须指出的是，柏拉图这里所说的灵魂不朽专指理性灵魂的不朽。在《蒂迈欧篇》《智者篇》中，柏拉图不厌其烦地对灵魂不朽说进行了系统的、详尽的论证和辩护。这些论证和辩护有哲学本体论的，有知识认识论的，有逻辑结构论的，有伦理道德论的。从中可以看出，柏拉图想从多学科、多维度、多层面为灵魂

① 北京大学哲学系外国哲学史教研室. 古希腊罗马哲学. 北京: 商务印书馆, 1961: 212.
② 柏拉图. 柏拉图全集·第二卷. 王晓朝译. 北京: 人民出版社, 2003: 159.

不朽说竭力辩护，充分佐证了柏拉图是灵魂不朽说系统化、理论化的开创者。当然，从严格意义上说，柏拉图的灵魂不朽说是不能自圆其说的，这主要是因为其论证存在极大的逻辑漏洞。比方说，他对灵魂不死的证明中，在进行认识论论证与本体论论证时，其论证的前提条件实际上就是他所要证明的结论，这犯了逻辑上的循环论证错误。还有，柏拉图力图从哲学、知识论、伦理学、逻辑学等多学科、全方位论证其灵魂说，但这些论证实际上既缺乏逻辑力量，也不充分。不管怎么说，柏拉图是西方哲学史上从本体论、认识论、方法论及道德伦理等视角综合探讨灵魂问题的第一人，他把灵魂不朽学说提升到新的高度，赋予其世界观和人生观的意义。

就个体生命而言，柏拉图认为生命个体要活着，其灵魂与肉体既同在又彼此独立，二者中灵魂起决定作用。灵魂在先，肉体在后，灵魂高贵，肉体低贱，灵魂统治肉体。所以，柏拉图是一个彻底的二元论者。但到了晚年，柏拉图的灵魂观实际上发生了某种变化，比如，他对灵魂与肉体二者关系的看法呈现出调和的倾向。他认为，和谐正义的生活建立在和谐的灵魂之上，而和谐的灵魂需要健康的肉体的支撑，否则，肉体必定会阻碍灵魂，对灵魂起极大的消极作用。以追求善为旨归的灵魂学说，其终极目的是达成心与身的和谐，灵与肉的统一。"凡是善的事物都是美的，而美的事物不会不合比例……如果心灵和身躯是均衡的，那么这个生物是最美丽的。"[①]这样说并不意味着柏拉图改变了他的魂身二元论的立场，恰恰相反，他正是从魂身二元论出发，与道德论、目的论相结合，调和心身关系。

进入文明社会，灵魂观念并未绝迹。今天，在人类的文化思想、民族心理结构、思想观念、情感风俗、日常习惯、人自身的认知形式及有关世界的常识图景中，我们可以发现大量的灵魂观念的蛛丝马

---

① 柏拉图.柏拉图全集·第三卷.王晓朝译.北京：人民出版社，2003：340.

迹。这实际上是原始灵魂观改头换面后内潜于文明社会的种种表现，"逐渐成了人的文化心理结构以及人关于人、关于世界的常识图景中的天经地义、不言而喻的组成部分"①，被称为"民间心理学"（folk psychology，FP）。这是一种前科学的常识概念框架，内蕴着信念、愿望、愉快、疼痛、爱恨情仇等情感认知。常识概念框架体现了我们对人的认知的、情感的性质最基本的理解。

FP内涵丰富，关涉广泛，但其最主要的内容还是关于心理世界以及心与世界、心与身关系的刻画和描述。其刻画和描述的是一幅完全有别于科学的人学概念图式。因其代表和体现的是普罗大众对人的心理的要素构成、心理构造、心理动力系统及心理地貌等图景的全景式的认知，展现的是一幅常识人学概念全景图，其蕴含的信念图式和命题态度在漫长的历史洗礼中早已深深浸入社会生活的政治、文化、经济、思想意识及种种习俗中，这些各式各样的人学概念图式其实就是历史为我们遗留下来的宝贵的精神文化遗产。

科学史上对人类的感觉、意志、理智等心智能力的早期研究的概念框架是由亚里士多德建构的（主要是生物学），这可追溯到亚里士多德对psyche、noos的设定。psyche是古希腊语，原意是指肺或呼吸、气息，后来演变为灵魂、精神或神灵。noos即后来的nous，是指有意识的心灵。在亚里士多德的生物学概念框架中，psyche不仅保有古希腊语的原意，更被赋予了多重创新意义。

在《论灵魂》中，亚里士多德在考察前人灵魂观的基础上，集中阐述了什么是灵魂、灵魂与肉体的关系、灵魂的功能，以及生命活动形式及生理功能②。这些阐述表明，亚里士多德的灵魂观与柏拉图的灵

---

① 高新民，刘占峰，等.心灵的解构：心灵哲学本体论变革研究.北京：中国社会科学出版社，2005：13.

② 苗力田，李毓章.西方哲学史新编.北京：人民出版社，1990：96.

魂观有本质的区别，是灵魂学说的重大创新。主要表现在几个方面：一是抛弃了柏拉图的灵魂不朽说。二是赋予灵魂全新的含义，指明灵魂是功能、能力、属性的组合性功能。三是确立灵魂的基础意义。他认为，灵魂不是某种独立的实体，而是一切生物的生命原则。四是开辟灵魂研究的新道路。他从根本上扭转了柏拉图的灵魂学说的总基调，形成了一条有别于柏拉图思想进路的新走向，从而引发了对灵魂、心灵研究的重大转向，即从对实体构成本质的探讨转向对实体具体的本质、功能、属性、作用及其相互关系等多维性的综合研究。

具体地，在亚里士多德的概念框架中，灵魂即 psyche 具有以下全新的含义。

第一，psyche 的生命本原意义。亚里士多德认为，每个有机体之所以是活生生的，其根本原因就在于它们都有一个 psyche。一切植物、动物之所以是有机体，就是因为它们都有一个 psyche。这样，亚里士多德 psyche 概念中已剔除了原有的宗教的、伦理的含义，成为生命最本质的所在。如此，亚里士多德概念框架中的 psyche 是生物学概念，而不是宗教或伦理概念。

第二，psyche 的形式意义。亚里士多德基于形式与质料及其关系，将 psyche 看成是自然物的形式。这种形式不是质料，也不是某种偶然性的形式（accidental form，某实体的非本质属性），而是实质形式（substantial form，某实体的本质属性），并且被称作具有器官的自然物的"第一现实"[①]。这里，"现实"是指特定实体在某一给定的时间所是的东西或正在做的东西，这意味着实体有各种现实，也拥有各种能力。而"第一现实"被亚里士多德规定为动物所不运用的禀赋。当psyche 被看作是身体的现实时，只能是指第一现实，因为动物无论什么时候都有灵魂。

---

① 贝内特，哈克.神经科学的哲学基础.张立，等译.杭州：浙江大学出版社，2008：12.

第三，psyche 的构成意义。这里所说的"构成意义"是指由各要素构成的事物整体所具有的功能与意义，它不是生物体的部分，也不是与之相关的附加实物，更不是事物本身。在亚里士多德那里，无论是形式还是质料，都不能单独成为事物存在的原因和条件。事物既有形式又有质料，质料不能脱离形式，形式也离不开质料。但形式和质料却都不是物体的部分。说生物体有灵魂，不是指生物体与灵魂是所属关系，也不是说灵魂处于身体之中，因为灵魂并不是身体的一部分。怎么讲呢？按亚里士多德的类比，动物与灵魂的关系如同斧子与砍的能力的关系。斧子的质料是木材和铁，它的第一现实是砍的能力。这种能力来源于构成斧子的质料做成的斧刃。但砍的能力不能独立于斧子的质料——木材和铁或其他的组成部分——而存在。

第四，psyche 的功能意义。psyche 不是实体，也不能独立存在，它是生物体特定的功能或能力。亚里士多德认为，psyche 作为生物体的形式，不由任何的原料制成。它既不是实体，也不是其组成部分；既不是物质的（如身体或脑），也不是非物质的（如幽灵）。psyche 是生命的本原，是由有器官的生物体的各种功能组成的。这样的灵魂具有三个不同的能力层次：一是营养灵魂（nutritive soul），它是灵魂最原始且普遍具有的能力，实际上正因为有了它，某物才能被称为"有生命"①。二是感觉灵魂（sensitive soul），这是生命体中具有感觉能力的生物具有的灵魂，如动物和人类的感知、欲望、情绪和运动等能力。三是理性灵魂（rational soul），这指的是思维（推理）和意志能力（理性判断）。作为万物之灵的人类具有全部三种灵魂。亚里士多德对灵魂层次的划分隐含着柏拉图乃至苏格拉底的影子。

亚里士多德对 psyche 的设定以及由此奠定的框架体系对研究人的认知、思维、情感和意志力乃至神经科学都产生了深远的影响。毫

---

① 贝内特，哈克. 神经科学的哲学基础. 张立，等译. 杭州：浙江大学出版社，2008：15.

不夸张地说，作为思想大家，亚里士多德所构筑的哲学图景塑造了 17 世纪以前近代欧洲的思想。在神经系统方面，尽管他几乎一无所知，但他所做的神经科学的生物学研究为今天我们理解那些早期的科学家提供了必不可少的基础，比如，他关于 psyche 的概念对盖伦及后世笛卡儿等都产生了重要的影响。

## 第二节　脑室学说及其二元论错误

在人类心智研究史上，传统的诠释往往是以物理学为依据的，且几乎是孤立地涉及天文学和运动物理学。因此，只要我们客观公正地还原历史，厘清历史的来龙去脉，历史所展现的真实与真相要比任何教科书所刻画的内容丰富得多、复杂得多。事实是，任何对人类心智史、知识史的研究始终都无法绕过脑室学说。不研究脑室学说，就不可能完整、准确地理解文艺复兴及近现代科学革命，也无法解释 20 世纪以来一些著名的科学家走向了二元论，形成了各种各样的"科学的二元论"的"怪胎"。

所谓脑室学说，总体地讲就是关于脑室中人的各种心理功能定位的学说。它始自医学大师盖伦，经过尼梅修斯（Nemesius）、达·芬奇及维萨留斯等近代科学家的大力发展，终至"现代哲学之父"笛卡儿，雄霸学术史千年之久，对后世无论是科学史、哲学史、思想史还是心智史都产生了重大、深远的影响。即使到了 20 世纪，谢灵顿、艾克尔斯、斯佩里等神经科学家竟都留有脑室学说的二元论踪迹，形成了神经科学中的二元论"怪胎"，这给人类心智史、认知科学史、神经科学史乃至哲学史留下了聚讼纷纭的难题。

史前时期，尽管人类祖先已经知道大脑对于生命的重要性，但是，那时的人们并不知晓生物体尤其是人的自主感觉、理智、意志及自主运动等独有的生命功能与其大脑到底是何关系，更不要说去追究生物体生命功能的深层基础及其产生的内在机制是什么了。

追溯起来，关于生物体生命功能的神经基础认识和观念形成其实是一个无比漫长的历史演变过程。生物体独有功能的认识史实际上也就是生命功能的神经基础的观念演进史。至于细化到神经系统及其工作机制的研究更是经历了一个缓慢的演化历程。早期的研究者在事关人类心智现象的生物学基础问题时，遇到的首要难题是怎样解释运动神经系统及其功能。限于当时的认知手段、条件与技术，在实际的实验检验和实验研究中，几乎都是在神经系统相关组织损伤的情况下进行的肌肉、组织、结构的观察，此类方式是形成脑、脊髓、神经等各功能最终综合地产生运动输出的系统性观念的实验基础。也就不难理解，历史上在有关神经系统综合运动的研究中，科学家为什么不从生物运动的感觉系统（如重要的视觉系统）入手了，原因在于要对感觉系统进行阐释，就必须阐明并整合肌肉收缩、运动等方面的知识，而这些就当时的技术条件和手段来说是根本不可能做到的。历史的真相是，晚到19世纪末尤其是20世纪相关的技术条件手段才具备，这时，人类对感觉系统的研究才是真正的水到渠成。

无疑，亚里士多德是神经科学的生物学基础研究的奠定者，但奇怪的是，他对神经系统几乎是无知的。例如，在人类肢体自主运动时肌肉为什么会发生收缩的解释中，他把原因最终归结到血管，即是血管及血流运动引起人体运动时肌肉发生收缩。盖伦纠正了这一严重的错误。盖伦发现了人体肌肉中的神经，它由脊髓伸向肢体肌肉，是神经运动引发肌肉运动，产生收缩现象，这不仅确立了近2000年来神经科学史中的生命自主运动、脊髓与脑的相互作用及运动反射研究的基本走向，同时也奠定了脑室学说的基础。

盖伦的父亲是一位受过良好教育的建筑师，优渥的家境使盖伦从小就有机会学习哲学、数学、修辞学（这些都是当时上流社会子弟们的必修课）。他对农业、建筑业、天文学、占星术也感兴趣，成年后他的主要精力集中在医学上。他先是随一位精通解剖学的医生学习医学知识，后来成为一个神庙的助手祭司。在经历十多年的求学历练后，盖伦在一所角斗士学校当了几年的医生，这使他积累了丰富的治疗创伤的临床经验，他将创伤称为"进入身体的窗"。多年后，盖伦自豪地称这段临床工作是既没有被其老师应用，也未曾在他们的著作中谈过的医学技艺。盖伦在罗马开始了写作、教书及公开展示解剖知识的生活，并由此收获了名医的名声。再后来，他成为罗马皇帝的宫廷医生。

盖伦是古罗马时期最著名的医学大师之一，他集解剖学、生理学于一身，被誉为是仅次于希波克拉底的第二位医学权威。他毕生致力于解剖研究与医疗实践，写下了 300 余部（也有 500 部之说）医书。尽管一场大火烧毁了其部分著作，但仍留存下了 100 多本。盖伦的著作被翻译成阿拉伯文传入波斯和整个伊斯兰世界，成为医学教科书，其理论发展成"盖伦主义"。后来，阿拉伯医学传入欧洲，盖伦的阿拉伯文本与其原著重逢，还被译为拉丁文，成为那个时期标准的医学经典和医学教科书，并延续到 17 世纪，占统治地位达千年。

在神经科学发展史上，盖伦最重要的贡献大概有三个：其一，从根本上修正了亚里士多德的错误理论；其二，发现了脑和脊髓神经是生命体运动的必备条件；其三，做了大量的独创性的动物解剖与生理实验。

相较于前人，盖伦一生做过的动物解剖实验既多又有创造性，负有盛名。当时，解剖人体是绝对不被允许的，盖伦就用各种活体动物代替，如在猴子、猪、山羊、猿类等动物身上做实验，由此发现了呼吸、泌尿、发声等组织及其功能。盖伦述研究过脑、脊髓、心脏，为后世的神经科学积累了大量的、准确的、详细的有关脑解剖的实验描述记录，而由此建立的脑室学说、血液运动理论以及灵魂学说更是影响深远。

要理解盖伦的脑室学说就必须理解其灵魂学说，因为这二者是紧密联系的。盖伦的灵魂学说直接脱胎于亚里士多德的灵魂论，认为人类的心理能力与整个脑息息相关，尤其是与脑的理性灵魂关系密切。

亚里士多德的灵魂概念其实是一个能力的框架结构。其中，生物的感知觉、共感的基础能力被称为生物的灵魂，即 psyche，这是任何生物固有的能力。"共感"也叫"统一知觉"，其实就是当代神经科学家特别关注的意识的"捆绑问题"（binding problem）。在对共感的研究中，亚里士多德既观察到某些特定的、专门的感觉对象会产生独特的感觉能力如味觉、视觉、嗅觉、听觉等，又看到共感对象的运动、大小、形状、数量、统一性等最高层的感知能力，即共感。问题是，许多的个别感知是如何形成统一的知觉的？亚里士多德将这种统一功能归于心脏。可见，在人类的心智能力的认知上，亚里士多德的看法无疑是错误的，如此认知已经退回到希波克拉底之前了。但不能否认的是，包括亚里士多德在内的对人类能力的早期研究中，对共感存在的探索中，都蕴含着神经系统综合活动的系统性思想的萌芽。

盖伦的"灵魂"观念几乎完全复原了亚里士多德的灵魂概念。在亚里士多德的灵魂论中，灵魂是一个复合的结构体，是由营养灵魂、感觉灵魂、理性灵魂三级构成的层级结构。盖伦也认为，生物体是由感觉灵魂、运动灵魂等不同层次的灵魂构成的，而这些灵魂是同一生物所具有的不同的活力本原或普纽玛，但不是独立的实体，是构成灵魂的组成部分。

对于生物体肌肉收缩这种自主运动状态，盖伦依据"感觉神经"

与"运动神经"的概念加以解释。他认为,感觉神经与运动神经的区别是软硬程度的不同:感觉神经"软"一些,运动神经"硬"一些。比较而言,较"软"的感觉神经源自脑,较"硬"的运动神经则源于脊髓①。但生物体的感觉的接受或运动的发动统统都是由体液经过一道道神经流进或流出大脑来实现的。

大脑中有一个非常重要的部分,被称为"脑室"。脑室是大脑内部的一个腔隙结构,里面装满脑脊液。脑脊液既是营养液,又是缓冲液,它既为神经组织提供养分,调节脑内压力,又缓冲外界的冲击,使大脑免遭撞击、震荡。同时,脑室也是亚里士多德所说的psyche中的活力元素的转化所。所以,盖伦非常看重脑室。盖伦基于大量的临床观察和细致的动物解剖实验,对脑室进行了非常详细的描述。他发现动物肌肉收缩这样的自主运动与脑有密切的关系,并发现大脑和小脑之间有十分显著的结构性差别。

盖伦认为,脑有软硬之分。脑的前部"软",与感觉有关;脑的后部"硬",与运动相连。他观察到一些动物,如驴的智力不高,但脑回很发达,因此认定智力虽与大脑有关,但与脑回无关。他发现,一旦脑室受损,就会影响到心智功能。如果前脑受损,面部的感觉功能就会受到影响;如果整个前脑部受损,智力也会受到影响。就此,盖伦断定:大脑是感觉、记忆的中心,小脑是控制肌肉运动的中枢,神经起源于脑和脊髓。盖伦在《论身体各部分的功能》中讲道,他已充分论证了理性灵魂居于头部,这是我们进行理性思维的部位,其中包含大量灵魂普纽玛,这种普纽玛经过头部的加工而获得其自身特殊的性质。②可见,盖伦已经将人类的心理能力、感知能力归于脑,提出了脑功能和脑功能定位的思想。诚然,如贝内特(Bennett)等所说,

① 贝内特,哈克.神经科学的哲学基础.张立,等译.杭州:浙江大学出版社,2008:20.
② 贝内特,哈克.神经科学的哲学基础.张立,等译.杭州:浙江大学出版社,2008:21.

盖伦的脑室学说没有分清脑皮质与脑室各自的职能，他认定脑室（而非脑皮质）为推理等能力的源出之处①。

脑室学说的完成者是尼梅修斯（Nemesius），他是神经科学史上正式确立脑室学说的第一人。在脑室学说上，尼梅修斯与盖伦有许多的不同。

其一，尼梅修斯把所有的心理功能（而不仅仅是理智功能）都定位于脑，比盖伦更彻底。

其二，在具体的脑功能定位上，尼梅修斯与盖伦的主要不同在于：他把知觉和想象力定于侧脑室（前脑室），后脑室主管记忆功能，而其余的各种理智能力总统于中脑室。尼梅修斯申明，他的结论不是突发奇想，而是基于可靠的事实。他说道，最有说服力的证据源于对脑的各部分活动的研究。如果前脑室受损，各种感觉能力便会受到影响而减弱，但理智能力却依旧正常。一旦脑的中部受损，便会出现精神错乱，而各种感觉却依然保持固有功能。如果后脑室受损，只会丧失记忆，而感觉和思维能力完好无损。但若是前脑室、中脑室与后脑室同时受损，感觉、思维和记忆等能力便全部崩溃，这个有生命的主体将会有性命之忧。

其三，在灵魂观念上，尼梅修斯与盖伦也截然不同。尼梅修斯是新柏拉图主义者，他信奉灵魂的独立性与轮回转世说，认为灵魂是精神实体，而非盖伦、亚里士多德的第一现实。

两人最根本的区别是，尼梅修斯将所有的心理功能归于脑的实质是将心理功能归于灵魂。撇开所有区别，实际上，盖伦和尼梅修斯在心、脑关系问题上都滑向了二元论，他们的脑室学说具有浓厚的二元论错误。这不仅在于尼梅修斯主张的灵魂精神实体的存在，更在于他们二人犯的共同性错误。这些错误大致有以下三种。

---

① 贝内特，哈克．神经科学的哲学基础．张立，等译．杭州：浙江大学出版社，2008：21.

　　第一种错误是混淆概念，这是脑室学说最典型的错误。严格地说，概念问题属于哲学问题，实证问题则是科学问题。盖伦、尼梅修斯等人的脑室学其实混淆了这两种问题。在涉及记忆、心灵、想象、思维、感觉等基本概念时，其基本意图应该是要说明生物体的感觉、思维、认知、意志等能力的生物学的神经条件基础，阐明相关的神经系统结构与其活动的生物学事实，并不是要追讨这些概念之间的逻辑关系，更不必去探究不同领域间概念的结构关系了，这些当是哲学的任务①。在此，他们最主要的错误就是将心理属性、心理能力归于脑。例如，在盖伦的心灵观中，心灵、身体与人的关系是混乱的。与亚里士多德一样，盖伦既认定灵魂、心灵的物质性，又主张身体有一个心灵。科学研究表明：身体有感觉而没有心灵，有心灵的是人而不是身体，身体有感觉是因为有脑。但是，心灵既非脑又不能脱离脑，把感觉、心灵等同于脑这是概念的混淆，是赖尔所说的"范畴错误"。脑科学中的范畴错误其实就是把生物体的生理、心理等的类型功能混淆了，把部分能力、部分属性与脑整体属性混为一谈，将部分等同于整体。

　　第二种错误是变相的笛卡儿主义。其实，在日常生活中，我们大多数人都有"笛卡儿式的直观"，即将人进行心 / 物二分化，认定我们每个人除有一个"物质的我"外，还有一个"精神的我"，这个"我"如神话般的"小人"发挥着作用。这个"小人"是藏匿在大多数哲学家、心理学家和教士心底的"机器中的幽灵"。盖伦、尼梅修斯等人将心理属性归于脑就是在人的感知、认知能力与心灵的关系的反思中坚持二元论，是笛卡儿式实体二元论的一种变相的转换，其实质也是笛卡儿二元论的典型特征。

---

① 杨足仪，李娟仙 . 意识研究中的二元论及其困境 . 自然辩证法研究，2017，（2）：110-113.

第三种错误是"部分论谬误"。这种谬误是将逻辑上只能用于整体的属性归于它的组成部分。盖伦、尼梅修斯所犯的部分论谬误从逻辑上说就是把只能用于动物的整体的属性单纯地归于动物的特定的组成部分，其实质是把没有并列关系从而没有产生依赖关系的范畴看作是有并列关系的范畴，把部分归于整体。将心理属性归于脑既是概念混淆或范畴错误，也是部分论谬误。事实上，我们会看到，通过谈及从属于生物体的某一部分的感知、思维和情感体验等来解释该生物如何感知、思维和体验情感等，这一错误倾向流布于整个神经科学史，直至今日。

不管怎么说，盖伦、尼梅修斯等人的脑室学说纠正了亚里士多德将心智功能归于心的错误认知，重新复活了希波克拉底的脑功能观点，在人类心智史上享有绝对权威近千年，对人类关于脑的认识产生了深远的历史影响。

# 第三节　启蒙时代的神经科学及其二元论

众所周知，欧洲文艺复兴时期既是高歌猛进、激动人心的时代，也是血腥、残酷和野蛮的时代。"随着各种政治纷争、宗教改革、科学革命与思想启蒙的狂飙突进以及自然科学和人文社会科学知识的分野，各种思想、权力和势力相互角逐、相互搏杀"①，使身处新旧交替中的欧洲人迸发出巨大的激情与思想火花。许多思想家、自然哲学家清醒而坚定地意识到理性和经验的巨大意义，开始把形而上与形而下结合起来。特别是在把注意力转向人自身，转向人脑这个世界上最为复杂的对象的具体实证研究中，他们将形而上的理论旨趣融入经验性

---

① 杨足仪.西西弗斯的石头：科学中的形而上学.北京：科学出版社，2008：6.

的自然探索中，并与形式化的逻辑方法相结合，取得了一系列伟大的成果。这一时期最为杰出的神经科学家当数达·芬奇、维萨留斯、笛卡儿、托马斯·威利斯（Thomas Willis）4 位，被后世誉为文艺复兴"神经科学四杰"，他们在神经科学史上做出的贡献，为 20 世纪神经科学的兴起打下了重要的基础。

达·芬奇素以"美术三杰"之一闻名于世。提到他，人们往往首先想到的是他那享誉世界的《蒙娜丽莎》和《最后的晚餐》。蒙娜丽莎那神秘而永恒的微笑、耶稣和门徒们惟妙惟肖的神情，使得观者钦羡其高超的画技。达·芬奇的画已经成为人类文化艺术宝库中不朽的瑰宝，而他本人也因此成为闻名于世的艺术家。而近代以来，随着达·芬奇的札记不断问世，人们才惊讶地发现，达·芬奇不仅仅是一位艺术家，还是一位科学和工程方面的全才，他的科学家和哲学家身份一直被他作为艺术家的名声所掩盖。在科学史上，达·芬奇可称得上是解剖学家和神经科学家。就他的实际贡献或影响力来说，他在解剖学方面取得的成绩要远大于他在工程、发明和建筑方面的成绩[①]。

实际上，达·芬奇把艺术看作是一种技艺，他认为艺术的基础应该建立在研究自然科学之上。为此，他做了各种各样的实验，如探寻眼睛的构造、解剖动物结构、观察雀鸟的飞翔、研究光学的定律。在意识到人体解剖、光学等基础科学研究对绘画艺术具有促进作用之后，达·芬奇就开始进行人体实验。最初，他从浅层解剖入手，再由浅入深，由易到难，自然而然地进入对人类大脑解剖的研究。他还进行了不同物种的比较解剖学的实验。他确信，通过大量的实验研究，定能揭示人类生命运动的内在机制。温莎皇家图书馆收藏的达·芬奇描绘头骨的习作，有截面图、侧面图、斜视图等。他从不同的视角绘画

---

① 查尔斯·尼科尔.达·芬奇传：放飞的心灵.朱振武，赵永健，刘略昌译.武汉：长江出版集团，长江文艺出版社，2006：223.

脑室，试图找到"灵魂"所在。相比而言，以往的解剖学家做解剖只是为了验证前人的结论和书本上的记载，而达·芬奇则认为，观察与实验是科学认识自然界的独一无二的真方法。古代形成的知识对科学研究无疑是有帮助的，但决不能把它作为最后的定论而止步不前。为此，他特别重视实验。据说，他至少解剖过 30 具人类尸体，此外，他还解剖过大量动物。"自亚里士多德和盖仑（伦）以来，这类研究还是第一次。"①

早年，达·芬奇画的脑室图有前、中、后 3 个脑室；晚年，达·芬奇的脑室图由 3 个脑室变成了 4 个脑室，增加了 1 个侧脑室。据记载，达·芬奇是科学史上第一个用热蜡制作脑室模型的人。待脑室模型凝固后，他用连续切片的方法对这些精细的组织进行仔细的观察和研究。除此之外，他还特别注重描绘神经和大脑是如何联系的，通过解剖和观察，他做出了超越其时代的正确判断。

在脑科学史上，达·芬奇的贡献在于他实际地进行了脑解剖的实验，通过亲自解剖人的大脑，准确画出了具有 4 个脑室的脑室图，推进了人们对脑的认识。他对以往理论的质疑和大胆的尝试，体现出他求真的科学态度和敢于向传统挑战的科学批判精神。如果称彼特拉克（Petrarca）是文艺复兴时期文学前驱的话，那么，达·芬奇就是科学的开路先锋。遗憾的是，达·芬奇的大多数著作和手稿在其生前并没有发表，以至于当时的人们对他的科学成就与贡献并不知晓。即使是今天，达·芬奇的大量著作手稿公之于世后，普通民众对他在科技方面的贡献又有多少了解呢？对于这一缺失，科学史家丹皮尔（Dampier）不无遗憾地说道，如果达·芬奇当初发表这些著作的话，科学一定会一下子就跳到一百年以后的局面。无论怎么说，达·芬奇

---

① 洛伊斯·N.玛格纳.生命科学史.李难，崔极谦，王水平译.天津：百花文艺出版社，2002：139.

独创的那些思想、在科学与技术领域的那些贡献，至今仍散发着熠熠光辉，照亮着人类文明前进的道路。

维萨留斯是文艺复兴时期少有的艺术家、人文主义者和博物学家。他身上既具有人文学者的风范，又具有科学家的品质。他以无畏的勇气，冲破禁锢的樊笼，抛弃了传统的腐朽知识。特别是他通过亲自解剖人体的研究，揭开了人体结构的神秘面纱。他不畏传统势力，客观公正地评述了当时占统治地位的脑室学说，出版了著名的《人体的构造》，绘制了人类脑室的详图。无疑，他在神经科学发展史上占有重要的一席。

维萨留斯出生于医学世家。职业造成维萨留斯的父亲非常喜欢动物解剖实验研究，这对维萨留斯产生了极大的影响。维萨留斯远赴巴黎大学学习医学，在解剖学课堂学习中，维萨留斯是实验助手。当时的欧洲，解剖这样的"肮脏活"都是由下层人充当助手做实验演示的。身为大学生的维萨留斯甘愿当一名助手，在于他认为亲自操作能获得更多、更好的技能。

在维萨留斯之前，欧洲的人文主义者们认为，盖伦是关于人类解剖知识最伟大的医生，再加上盖伦的《论解剖过程》的拉丁文译本出版，使得解剖学进入了一个盖伦最受尊敬的时期。尽管盖伦的思想体系中也存在着一些错误，却并未妨碍人们拜倒在他的脚下，人们对他的真知灼见和对他的错误谬见给予了同样的尊敬。无疑，盖伦是古罗马时期伟大的医生，他亲自解剖动物，以毕生心血写出了多部医学著作，为那个时代的医学发展做出了巨大的贡献。但实际上，盖伦关于人体结构的论述绝大部分是基于猴子、狗、猪等动物的解剖，再加以比拟、抽象推导出来的，故此，出现谬论也不足为奇。

在《人体的构造》中，除了维萨留斯多年来对人体解剖实践、研究的系统性的阐述和总结外，还配有大量生动精美而准确的插图，全面地揭示了人体内在结构的奥秘。同时，维萨留斯在书中还指出了流传一千多年的盖伦思想中的多处错误。维萨留斯还专门论述了神经系统。他指出，神经的作用是传递直觉的灵气。维萨留斯一方面接受了当时流行的观点，认定事物在肝里获取"天然元气"，进入心脏后，天然元气就变成了"生命元气"，"生命元气"进入大脑中又变为"动物元气"。在这几种元气中，"动物元气"是最为活泼、最为精微的东西。另一方面，维萨留斯主张大脑之所以能发挥灵魂的作用主要是基于"动物元气"，利用神经把"动物元气"分送给感官与运动。他进一步指出，如果把某个神经切断或者紧缚起来，就能够使相应的肌肉不起作用。

维萨留斯更是一个亲自做脑解剖的学者，基本上完成了今天神经解剖学教科书上关于脑的描述，而其不足之处在于他关于交感神经和副交感神经起源的解析是错误的，这很有可能是当时获得尸体标本受到限制的缘故。维萨留斯在解剖学方面的革新是他直接观察人的身体，而不是研究盖伦的书本。维萨留斯是一个忠诚的实践论者，他奉劝那些学生和医生们，要想获得解剖学的真知识，不要妄想完全从盖伦的著作中去学习，只能从确定可信的人体这本"书"中学习。他把流行的解剖讲课斥为"可恶的程序"：一边是由无知的助手解剖尸体，一边是所谓的有学问的教授如同寒鸦栖息在高高的椅子上，极其傲慢地讲着他自己都根本未曾亲身了解过的东西。这就是解剖学的学习，这样的学习过程使得医学院的学生从屠夫那里学到的东西比在教授那里学来的还要多！

笛卡儿被黑格尔称作是"现代哲学之父"。但笛卡儿不仅仅是著名的哲学家，还是著名的物理学家、数学家、神经科学家。笛卡儿生于法国，由外祖母带大，很少和父亲见面，有沉思的习惯和孤僻的性格。他在学校接受了传统的、系统的文化教育，学习了古典文学、历史、神学、哲学、法学、医学、数学等。尽管他学习了数学和物理学，但这些所学的知识，都令他感到失望，由此他开始怀疑一切，最终提出了著名的"我思故我在"的哲学原理。

在神经科学方面，笛卡儿对后世研究有着重要的影响。尽管笛卡儿几乎完全接受了盖伦的理论，但他同时也认为，盖伦的理论不能解释人类的脑和行为的全部。他试图用力学的理论来解释人体的内部活动，这使他成为近代西方神经科学二元论的开山鼻祖。

在笛卡儿的认知图式中，脑与其他器官一样，并没有什么特别之处，也只是一个器官而已，而脑的活动情形可以从机械的动作的比拟中进行描述研究。实际上，笛卡儿就是把人体比作机器的。他虽然接受了哈维（Harvey）关于血液在动静脉里循环的理论思想，并竭力为之辩护，但不接受血液是在心脏的收缩推动下循环的看法。他认为，人体这一"机器"之所以能做功，是依赖于心脏在自然运动过程中所产生的热。他说，灵魂与控制肉体的"机器"是根本不同的。之前，盖伦认为，大脑中血液流动会产生一种叫"动物元气"的极微妙的气，有了此种元气，大脑才能形成灵魂印象与外界物体的印象，元气再由大脑通过神经传达到肌肉，控制四肢的活动，但是，笛卡儿认为这种"动物元气"并不是灵魂。可以说，笛卡儿把精神与肉体完全分离开来了，他第一个提出了灵魂与肉体分离的彻底的二元论，构建了一个不同于亚里士多德主义的全新的心灵图景。

笛卡儿心灵观的核心思想可以集中概括为以下五点：

第一，心灵的本质特性是思维，是独立存在的精神实体；

第二，心灵独立于身体而存在，心灵是不朽的；

第三，心灵是思维或意识的本原，是灵魂的全部；

第四，人是心灵与身体相统一的存在物；

第五，心、身相互作用是异质的二元相互作用（共感）。

笛卡儿认为，"灵魂"或"心灵"、"精神"、"自我"（在笛卡儿那里，这些概念是同义词）是一种独立的实体。另一种实体就是物质，包括人的躯体。这两种实体不仅本质不同，各自具有不同的功能、属性，而且还通过一种叫"松果腺"的物质相互作用，这就是笛卡儿著名的"心身二元论"的基本内核。笛卡儿认为，宇宙万物及其表象都可归结为两种并行不悖的范畴：心与物。心或精神的根本特性是无广延但有意识，也就是有思想，如怀疑、推理、兴奋、发怒、意志活动等。物质的根本特性是有运动、广延、大小、颜色等，但没有思想，可以还原到物理层次予以解释。人同此理，也是由心与物构成的，我们每一个人都有一个身体或躯体和一个心灵。身体腐朽后，心灵还可以继续存在。身体有限有形，服从机械规律，可通过外在的观察而认识。心灵无限无形，不服从机械规律，只能通过内省认识。

由此可见，笛卡儿完全继承了古代灵魂实体的观念，并部分地接受或保留了亚里士多德对心理属性、功能的认识，但又否定了亚里士多德主义（包括经院哲学）的主要传统，由此造成了至少三个重要的结果。

结果之一，造就了心身关系的多样性。从笛卡儿对心身关系的理解和诠释的具体内容来看，心身关系既可以是实体关系，又可以是属性、功能的心理关系和生理关系。所以，笛卡儿式的心身问题既可以看成是哲学问题，又可以解读成心理学、生理学、物理学等具体科学问题。

结果之二，提供了多学科的学理依据。笛卡儿式的心与物二元的对立，不仅表现在实体上，而且还表现在现象性的属性上，就此形成了生理学、心理学、物理学、哲学等不同的、独立而专门的分支研究学科。这为以后的生理学、心理学、物理学、哲学等众多具体学科提供了相互独立存在的基础和依据，也为今天在更加广阔的背景、更为广泛的领域和更加开阔的视野中，对心身世界开展跨学科的综合研究提供了重要的学理依据。

结果之三，奠定了二元论发展谱系的理论基础。毫不夸张地说，笛卡儿是心身二元论的缔造者。他不仅奠定了二元论的理论基石，还搭建了二元论的框架体系，为二元论谱系的发展提供了最重要的理论基础。此后许多的哲学家、科学家、思想家及现当代的种种二元论及其变体，实际上都没有跳出笛卡儿二元论的总体框架。历史发展也证实了，人类的心智研究是笛卡儿将其推进到一个新高度，且其占主导地位的思想也始终是笛卡儿的二元论及其变种。其间，尽管涌现出18世纪法国战斗唯物主义这样的一元论，但哲学二元论主导的基本局面没有发生根本改变。今天，心与身、心与物相分的二元学说，依然是一种极具影响的哲学与信仰。

从精神实质上讲，笛卡儿的思想恰恰使当时的研究者不必顾虑神学的监察和哲学的非难，从而对大脑进行明目张胆的剖析，详细探究其内部结构及其与躯体的关系。要知道那时的研究者大都认为，大脑只是被动地接受感官传来的信息，以至于其时的解剖学家的工作基本是在想方设法去证明哲学家关于所有知识都来自感官的传入这一假定。实际上，自笛卡儿开始，神经科学研究方向开始发生重大转向，而关于人的"精神"和"躯体"关系问题被置于研究的中心。当然，科学发展到今天已经证明了笛卡儿的许多思想观念是错误的，如他关于身心关系中松果腺作用的看法、关于共感的看法、关于神经科学研究的某些结论的看法都是非科学的，但这并不影响他在人类心智史上的重要地位和作用。他终结了脑室学说之路，首创了脑功能的分析与实验研究，开启了从脑室到脑物质的研究方向，扭转了神经科学发展的根本方向，其对科学史、哲学史、思想史等产生的深远影响是毋庸置疑的。

托马斯·威利斯是近代著名的英国医师。他在牛津大学学习期间，学习解剖学、医学、化学、文学等，涉猎广泛，获得医学学士学位和文学硕士学位。后来，他专攻医学，行医为业，最终成为英国医学化学学派的领袖人物。

威利斯一生进行了大量的解剖研究，尤其在神经系统研究方面卓有成就。他出版了《脑病理学》《脑解剖学》等名著，其中，《脑解剖学》一书作为教科书一直沿用到18世纪末。威利斯对颅神经进行了分类，共分出10对，其中的6对与今天的研究结果完全相同。他还对这10对神经的来龙去脉、功能、作用范围做了详细的研究，最终创立了神经系统功能定位理论，其核心观点是不同部位的神经功能不同。

威利斯应该是第一位用现代科学方法对人脑进行研究的解剖学家。威利斯广泛地讨论了脑的生理、解剖、化学和临床神经学。他将大脑从颅骨中移出，从而能更仔细地观察大脑的构造，《脑解剖学》中的插图与当代神经解剖学书上的解剖结构图基本相同。威利斯还以发现脑基底部的血管环而闻名。在深入研究了大脑及通向脑的神经的基础上，威利斯具体刻画出了一幅关于感觉、想象、记忆、意志等人类复杂心理现象都归之于脑的结构图景，指出了人类各种心理属性在功能上依赖于脑皮质而非脑室。他提出了第一个关于肌肉组织控制和反射控制的脑皮质理论，使人类的注意力在1000多年来首次完全从脑室移开，转而关注脑皮质的研究。在身心关系上，威利斯与笛卡儿一样承认有非物质的灵魂或心灵的存在，但又认为它们与身体的联系不是笛卡儿所说的松果腺，而是脑皮质或者胼胝体中的物质，这一认识把人类心智能力的依赖因素从脑室扳回到脑物质上，在思想史、认识史上具有重要的意义和价值。

　　此外，威利斯对小脑的认识，至今仍被证明是准确的。威利斯认为，小脑是大脑中相对独立的一个结构，其主管无意识的运动。威利斯认为，与大脑完全不同的是，小脑是一些活动的动物精神的特殊源泉。在大脑内，人们完成自发运动是所知所愿的，而小脑内的精神无须人们的知识或意愿，是无声无息地完成自己的工作。威利斯正确地区分了脑的功能，把记忆、意志和控制呼吸、心跳的低级脑干功能区分开来。他是讨论神经管理不同水平观点的第一人，也是一系列神经病和精神病症状的描写者，对神经病学的发展做出了卓越的贡献，他创立了一些脑功能的新概念，并对脑功能定位和反射形成了初步的概念。

　　毫无疑问，威利斯是一位真正的医学大家，被认为是现代神经病学的真正开创者和奠基人。也许，威利斯遗产的最重要部分是他引起了更多的人体尸体解剖实验，引起了更多的动物实验研究，引起了更好的临床观察，而关于神经系统怎么工作的这一问题，他也阐发了很多新观点。诺贝尔奖获得者谢灵顿怀着崇敬之情写道，威利斯事实上重新建造了脑的神经解剖学和生理学，威利斯把脑和神经系统置于现代基础之上，今天比以往任何时候都更加明显。的确，在17世纪后半叶，威利斯把人类的脑科学提高到了一个全新的水平。

　　自古希腊以来，人类对脑的研究就从未完全停止过，从许多方面看，"文艺复兴是联系中世纪和现代社会的天然桥梁"①。文艺复兴时期的"神经科学四杰"做出的历史贡献为神经科学的发展打下了坚实的理论基础。得益于这些基础，当代神经科学的研究和发展有章可循。从18世纪末期到20世纪初，人类对脑的认识取得了一系列重大成果，极大地推动了脑科学的发展。

---

① 洛伊斯·N.玛格纳. 生命科学史. 李难，崔极谦，王水平译. 天津：百花文艺出版社，2002：132.

尽管笛卡儿、威利斯等人终结了脑室学说，但心灵与脑（笛卡儿之后转化为灵魂与脑皮质）之间的关系仍一如既往地困扰着现代神经科学家，这促使科学家下定决心寻找实验方法，找到解决心、脑相互作用的生理机制。而谢灵顿对这一问题的研究无论是在系统性上，还是在透彻性上，都达到了一个全新的水平。

谢灵顿不知疲倦地做了大量的实验，详细地研究了支配特定肌肉运动的导出神经的脊髓起端。他先后发表的多篇重要的研究论文成为神经科学史上的经典。这些论文揭示了脊髓与脑皮质在肢体运动反射过程中的本质作用，确定了脑皮质功能定位的框架。

在心灵观上，史料表明：谢灵顿广泛研读过亚里士多德的哲学著作，但结果是他并没有与亚里士多德相向而行，而是转向笛卡儿，走向了二元论。在解决心、脑问题时，谢灵顿引入了"能量"的概念。"能量"是什么呢？他说"能量"是生命体不可缺少的物质性的部分，进化已使我们成为"能量"与"灵魂"的复合体，这两个要素分别是能量体系和心理系统，它们结合为一个二重个体。与能量不同，心灵是思维的承担者，是欲望、激情、知识、价值之源，心灵"看不见""摸不着""无法感知"。可见，"能量"与"心灵"是两个范畴的现象。

在心身关系上，谢灵顿是持一种他自己都不太确定的混乱的二元论。他认为心灵有一个身体，身体有一个心灵。当然，这并不是说心身一体，也不是说心灵等同于身体，而是说身体中有感觉的部分有心灵。可见，谢灵顿只承认作为感觉承担者的心灵。作为神经科学家，谢灵顿很确定心、脑之间存在着密切的联系，但他又认为，这种联系的方式对我们人类的科学和哲学而言，依然是未解之谜。他曾经说过，对一切同时存在物理和心理现象的有机体而言，两者要实现各自目标只有靠彼此之间的有用联系。这种联系是使之成为完整个体的最终、最高级的综合，但这种联系是如何实现的这一问题，2000 多年前的亚里士多德留下后一直没有得到解决。然而，我们或许会注意到，在这一理论和其他许多心理学理论中存在着一个奇怪的不连贯之处。它们将灵魂置于身体之中并使其依附于身体，而不再去考虑这样做有什么理由，或者说身体需要满足什么条件才能实现这种附属，而这似乎是问题的真正所在。对人类的心理事件，谢灵顿认为，生命、生命过程可以通过物理、化学等科学来解释，但思维倔强地逃避于自然科学之外。事实上，自然科学将思维视作某种自身理解范围之外的东西加以拒斥。显然，谢灵顿的这些观点是错误的。难道神经科学、心理学、认知科学等具体科学，包括他本人的研究不都是在探求思维之谜吗？怎么能无视这些客观的科学事实而说思维是"倔强地逃避于自然科学之外"呢？

## 第四节　神经科学的当代发展与新二元论

20 世纪以来，科学突飞猛进地发展，并取得了巨大的成就。特别是自 20 世纪六七十年代起，脑科学冲破心脑的重重迷雾，在揭示人自身的"宇宙之谜"方面取得了历史性的成就，做出了历史性的贡献。

首先，20 世纪脑科学取得的历史性成就之一是在研究手段、研究技术与研究方法等方面的革命。此前，受视界的狭窄、资料的匮乏、技术手段的老化、方法的限制等多重因素的制约，心身问题陷入二难困境难以超脱：一方面，某些哲学家将心身问题看成是哲学问题而非科学研究的对象，以至于心身问题的研究始终在哲学领地兜圈子，从而打上了猜测、直观、思辨等鲜明的烙印；另一方面，一些神经科学家尽管也给予心身问题科学性，却又浅尝辄止甚至不敢轻易涉足。美国神经科学家埃德尔曼曾深有感触地说过，研究者在对自己的思想意识进行报告时，不得不用到内省的方法①。然而，单纯依靠内省的方法既不能搞清楚意识究竟是什么，又不能揭示其背后隐藏的脑的工作原理与工作机制，更不能阐明脑与意识是何关系。总归为一句话：对意识的内省报告有用，但单纯的内省无法获得满意的科学结论。

20 世纪 60 年代后，认知科学和神经科学的兴起及其发展，使得对意识的多学科、跨学科的研究走向，形成了四种有影响的、并行不悖的研究进路和方法策略②：第一种是认知心理学的研究进路；第二种是人工神经网络的研究进路；第三种是认知神经科学的研究进路；第四种是生成认知的研究进路。第一种主要是基于类比法，就是将人脑与计算机类比，用自上而下的还原主义策略，在确定心智能力的基础上，去寻找它所具有的计算结构。第二种同样是类比法，先是进行功能模拟，依据自下而上的策略，建立人脑神经网络模型，以模拟真正的神经网络。第三种也是用自下而上的还原主义策略，基于认知神经科学的视域，找寻意识的神经底物或神经关联物。第四种是转换意识的研究策略，依据生命自组织动力系统的机制，将心—身问题转化为身—身问题，消解对意识的"解释鸿沟"。

除了研究进路、方法策略的变革之外，还有技术手段的革新、革命。无创伤脑技术的应用，使脑科学家能够将研究领域推进到大脑的内部进行直接研究。其优势是可以以健康人为对象，进入人的大脑内部直接观察大脑的结构、变化活动过程及其机制原理，深入了解大脑的静态结构与动态结构。这些新技术实际上是以多科学、跨学科为基础的许多技术的组合拳，其中主要有以下四种。

（1）脑电图：这是一种搜集实验对象的大脑某些部分活动的信息

---

① 杨足仪. 当代脑科学成果的多样性解读. 科学技术哲学研究，2016，（6）：12-16.

② 杨足仪. 当代脑科学成果的多样性解读. 科学技术哲学研究，2016，（6）：12-16.

及测量脑电波的无创伤性技术。它将实验对象的心理活动过程的脑电信号进行转换处理，通过脑电图的变化，可以了解实验对象心理活动的状态与变化过程。

（2）脑磁图：脑磁图是用以测量和记录受测者大脑中的磁信号的一种超导量子技术。在观测中，大脑的磁信号几乎能不受干扰地穿过颅骨。相较于脑电图，脑磁图的源定位更直接、更精确。

（3）正电子发射断层成像技术：这是一种在活的测试者机体内直接自动地进行三维成像射线摄影的技术，这样可以了解实验对象的身体部位及其状态与变化的过程。

（4）功能性磁共振成像技术：功能性磁共振成像是20世纪末发展最为迅速的一种活体脑功能非侵入性的检测技术，主要检测大脑活动过程中血液的含氧量及其变化。它超越正电子发射断层成像技术的最突出的优点是被试不需要注射放射性类的标记药物，所以，这种技术的时间分辨率、空间分辨率都比较好，已被广泛应用于概念思维、言语活动、面孔识别中的自我意识及测谎等复杂的大脑活动与现象的研究中，是目前脑功能成像技术中最有效、应用最广的一种。

此外，光学成像技术是另一种脑功能成像技术。其中的一种可以检测局部氧代谢和血液改变引起的内源性信号，另一种可以测量离子浓度、动作电位等。当前，光学成像技术中较为成熟的是内源性光学成像技术，其光源有的是用可见光，有的是用近红外线。以可见光为光源可以直接观察脑组织表面的血液动力学变化，据此了解大脑神经元的活动。以近红外线为光源的叫近红外光谱分析技术。在无须开颅的情况下，利用近红外线光源良好的穿透性，可以无创伤地观察脑组织的活动情况。目前，近红外光谱分析技术已在语言、记忆等高级功能的研究中得到应用。

其次，脑科学在研究的深度与广度上不断破界升级。在历史上，脑科学研究的焦点大多聚焦于皮质神经机制层面，而现代脑科学不断破界深入到皮下中枢结构，对其内部皮质下的脑干、间脑深部结构进行了研究。新领域研究的拓展诞生了新兴的交叉学科、横断学科，如神经心理学、脑化学、行为的脑生物学等。而新兴学科诞生又不断地催生出新的研究技术与方法，不断地突破以往单一地从神经机制或行为去分析行为、心理研究的单向性与局限性，从而使我们能够在不同领域、不同学科研究间架起相互连通的桥梁，对大脑开展跨学科、协同、集约研究，从整体上深入探究大脑与意识现象的关系及其本质。

再次，在研究的力度上，脑科学越来越受到科学界和国际社会的高度重视。特别是从 20 世纪下半叶起，脑科学研究的热潮不断。20 世纪 90 年代掀起了脑科学研究的第一次热潮，美国、欧洲、日本纷纷推出了国际重大研究计划。21 世纪初又出现了脑科学研究的第二次热潮。我国相继资助了多项与脑科学相关的重大研究计划，成立了多个国家重点实验室。由此可见脑科学研究的重要地位。

最后，研究取得的成就是历史性的。过去百年来，脑科学或神经科学的研究主要在两个主流发展方向上取得了重大突破：一个是对大脑与神经系统功能的细胞机制及分子机制的研究成果；另一个是在系统、行为与认知水平等维度上对脑功能和神经系统功能的协同整合研究，由此相应地诞生了细胞神经生物学、分子神经生物学、行为神经生物学、系统神经生物学以及认知神经生物学等多个新兴学科。

当代神经科学的发展及其历史性成就为我们展示了一幅崭新的大脑世界全景图，极大地推进了人类对脑的整体性的深入认识。但是，这依然还不是也不能等同于对意识本身的认识，更不是对心脑关系、心身关系本身的认识。当下，从认识的限度来讲，无论是脑科学还是多学科的协同联动，都还不足以完全解答物质是如何转化为意识的这一问题，想象、推论、哲学的思辨依然是意识研究不可缺少的凭借方法。由此势必会造成脑科学家与脑科学家、哲学家与哲学家以及脑科学家与哲学家之间基于不同的理解前结构，如理论背景、理想信念、思维视角等的不同，对同一种科学事实及其材料可能会做出不同的解释，乃至产生对立性的解释。其中，最有代表性也是最有影响的是唯物主义与二元论两种解释方式及走向。

唯物主义的解释及走向主要表现为：当代西方心灵哲学界对脑科学研究成果进行哲学解读、消化和利用时所做的大量的研究工作。一是深度细化对唯物主义的论证，如进一步论证和推进唯物主义的结论或者是促进唯物主义的形式与内容的飞跃等。二是建立起许多不同样式、不同形态的唯物主义、物理主义，如同一论、功能主义、还原论、取消主义、解释主义、随附论等。三是心灵的自然化的深入推进。当代西方脑科学中大多数科学家继续挺举唯物主义的旗帜，无论是在心灵哲学领域还是在脑科学界，物理主义、唯物主义都取得了压倒性的胜利，唯物主义享有话语权、占据主导地位成为一种基本走向。

在神经科学领域，唯物主义、物理主义几乎取得决定性胜利的同时，二元论再度崛起，也获得了新的信徒，以至形成了脑科学中的二元论的解释及走向。这主要表现为哲学家、科学家在对当代脑科学不断涌现的成果进行的二元论解读中形成的两种基本倾向：一种是一些哲学家立足于脑科学的新成果对二元论做出的新诠释、新发展；另一种是一些脑科学家以自己和他人的成果为理论基础，对二元论进行的新的解释和论证，由此形成了各式各样的二元论，可称之为"新二元论"。

从整体来说，当代神经科学中的新二元论之"新"主要体现在二元论的样式之新、走向之新、素材材料之新以及论证之新等诸多方面。

近 30 年来，与科学相伴而行的二元论确实有了实实在在的发展，如各式各样新的理论形态的产生、前所未有的新材料、丰富多彩的新论证、深入细化的新内容，这些都对心脑的认识产生了与过去截然不同的见解，哲学家罗蒂（Rorty）笼统地将其称为"新二元论"。如今，除了原有的、传统的二元论样式外，又如雨后春笋般地诞生了量子二元论、神秘主义二元论、具身性二元论、自然主义二元论等各种新的理论形式的二元论，影响较大的二元论就多达几十种之多。

在当代神经科学中，二元论的新走向主要有两种：一种走向是由哲学家主导的。这些哲学家根据科学取得的新成果对二元论进行了重新解读、诠释，这样，二元论不仅获得了新的更加丰富的内容，而且得到了形式的更新，样式更加多样化，极大地促进了二元论的丰富和发展，如薛定谔的兼有科学和神秘气息的意识理论、拉兹洛（Laszlo）的非定域意识论、戴维斯（Davis）的作为终极解释的心灵、蒂普勒（Tipler）的"还原主义异端"、现代泛心论的灵魂的"科学"探测与称重、鲁滨逊（Robinson）的副现象论二元论等。另一种走向是神经科学家依据自己和他人的成果对二元论的论证。一般地说，在对神经科学成果进行解读、诠释、消化与利用时，终归会走向唯物主义，要么确证唯物主义，要么得出唯物主义结论，或是促进唯物主义在形式与内容上的跃进。但奇怪的是，在当代神经科学中，唯心主义二元论在沉寂了一个多世纪后东山再起，竟在与唯物主义的论战中也实现了所谓的"同步"发展。其中，特别令唯物主义难以解释的一个现象是：尽管许多科学家为唯物主义的发展提供了新材料、新论证，但"反常"的是，一些著名科学家表现出强烈的二元论倾向。例如，在"自我"、"感受性（质）"、"意识的统一性"（即意识捆绑）等重要方面的解释上，谢灵顿、玻姆（Bohm）、薛定谔、埃克尔斯、克里克、埃德尔曼等科学家几乎都陷入了二元论。这些著名科学家得出的二元论、反唯物主义的结论，使二元论获得了实实在在的发展，从而对唯物主义提出了新问题，也构成了新的严重威胁与挑战。

新二元论究竟"新"在哪里？可以尝试从以下几个维度认识其"新"。

（1）新二元论的内容之"新"。从内容上看，二元论大体可分为实体二元论和属性二元论两种。现当代新发展起来二元论多数为属性二元论。就其哲学立场来说，因素复杂，既有唯心主义的，又有唯物主义的。当然，本质上唯物主义与二元论是不相容的，但在不断发展中，二者却出现相互靠拢、融合的趋势，于是，产生了具有折中性质的新型的唯物主义二元论，如解释主义、随附论、实现论的唯物主义等。

（2）新二元论的语言之"新"。须知，语言是思维的外壳。在表达基本内容时，二元论有语言层面的二元论和实在层面的二元论。前者最为典型的是双重语言论、谓词二元论等。其中，谓词二元论重视意识问题、心身关系问题中的语言分析的方法应用，认为客观世界存在着不用心理谓词就无法表达的事件、现象或信息。因此，在揭示、描述客观世界现象特别是心理事件时，除必需的物理谓词外，还必不可少地要用到心理谓词，如"疼痛""焦虑""意识"等。在很多时候，这些高阶的心理谓词还不能还原为低阶的物理谓词。著名的功能主义者福多（Fodor）就是谓词二元论的重要代表之一。与传统二元论相比较，新二元论中实体二元论的最大的不同就是没有本体论的承诺，集中表现在对心理事件、心理现象与心理过程的独立存在未做出本体论的承诺。它对事物本身不太关注，但对事物描述的角度、方式方法比较重视。

（3）新二元论的激进程度的"强""弱"之"新"。从思想的激进程度来说，二元论有强硬二元论和温和二元论之分。所谓强硬二元论不仅承认心、身的本体论地位，而且二者各自独立存在，互不依赖、互不联系。上述的实体二元论、属性二元论几乎都属于强硬二元论。温和二元论尽管承认心灵有本体论地位，但这种地位是相对的：相对于物质来说，心灵或者根源于物质，或者依赖于物质，从这种意义上说，心灵是没有独立的本体论地位的，心灵之所依，被查默斯（Chalmers）和麦金（C. McGinn）称之为"心原"或"隐结构"。相对于因果作用来说，心灵是独立的，它对物质有能动的反作用。

在西方哲学史上，依据心身关系中心灵的地位，可以把心灵的独立性分为三种类型。第一种类型强调灵魂不仅是独立的，而且处于主宰地位，如原始人的灵魂独立观念就是最主要、最普遍的观念。无论是古希腊人的 psyche、noos（灵魂）或是 mind、soul（心灵），实际上都是一种类似于空气或气息的东西，它是看不见的、不可触摸的、独立的精神世界。又如，在柏拉图的灵魂观中，他力图依据回忆说、理念论、灵魂结构、灵魂的性质或灵魂的起源、道德论等多种理论叠加证明灵魂的不朽性、灵魂的重要性，强调人的本质就是灵魂，是灵魂主导身体的二元论。第二种类型是托马斯·阿奎那（Thomas Aquinas）式的二元论。他认为在事物中形式起决定作用，而事物的形式又分为偶然形式和实体形式，其中实体形式起主导作用。在人身上，实体形式就是灵魂。第三种类型是构成性二元论，其中最典型的代表就是笛卡儿主义的二元论。笛卡儿主义的二元论认为人是由灵魂和身体或肉体组成的，二者平行而独立。其中，物理属性归身体所有，心理属性归灵魂所有。根据身体中灵魂数量的多少，又可分为单一灵魂论、二重灵魂论及多重灵魂论。单一灵魂论认为身体只有一个灵魂，实体二元论几乎都是单一灵魂论。在柏拉图那里，当他认为人的本质在于灵魂、灵魂的结构是单一的不可分割的时，他无疑是个单一灵魂论者。当他认为灵魂取得"人的形式"并分为理性的部分和非理性的部分时，他又是一个二重灵魂论者。二重灵魂论就是承认两个灵魂的存在，一个与肉体相伴，有生有灭，随着肉体的生而生，随着肉体的消失而消失。另一个可以脱离肉体而续存，如人死亡时，非理性的灵魂随身体的毁灭而消失，剩下神圣的、不死的、单一的灵魂。多重灵魂论则主张身体中有至少三个灵魂，亚里士多德就是多重灵魂论者。近代以来，多重灵魂论多半存在于某些神秘主义二元论中。从思想内容上说，二元论有突出理智、理性的倾向，从毕达哥拉斯（Pythagoras）、柏拉图到许多经院哲学家的二元论都认为唯物主义对于人的理智是无法做出说明的。以笛卡儿为代表的唯理论二元论将其进一步发展，如对思维的强调就是典型例证；现当代那些专注于感受性的二元论几乎同样也否认感受性的物质根源性与物质基础性，是有别于物理实在的高阶现象；另有专攻、深耕意向性的二元论。

（4）新二元论形成的方式、路径之"新"。当代二元论除了以上从内容、属性、样式等的新表现外，其结论的形成与获得的方式、路径也与传统二元论有很大的不同，凸显出当代二元论的新发展、新走向。总归起来，当今有代表性的二元论的主要走向有如下几种。

第一，量子力学走向。近代以来，以牛顿力学为基础的物理学深刻影响了人们对自然科学的认识，认为客观存在的事物都是能被观测、证实的对象，第一人称反省的方式对于自然科学而言是不适用的。对此，传统二元论所受到的挑战也主要是在于无广延的心灵何以存在的问题。20世纪量子力学的出现，证明了牛顿力学的局限性，也改变了人们对于物理学等的理解，使得人们开始以一种新的思维方式来解释世界。艾伯特（D. Z. Albert）提出，量子力学使人们可以这样设想：有一种无限小的物理系统，永远存在于所有空间中的每一个数学点之上，还可以设想，有一个由这样的系统所组成的无限阵列，它对应于每个点。马基瑙（Margenau）的微位假说指出，有些场，如量子力学的概率场，既不具有能量，也不涉及物质。佐哈（Zoha）也认为，物质和意识在量子实在中都有共同的"母亲"。

由于量子力学的测量与观察离不开观察者，量子力学中的一些问题与观察者本人的观念、意识有关，涉及主观经验、意识的作用。于是，一些科学家、哲学家开始将量子力学与意识联系起来。二元论者对此也提出，意识与量子实在一样都是存在的，二者有相互论证的关系，即如果没有意识的介入，量子实在不可能被观察到，量子力学也无法建立。可以说，量子力学的出现本身就使得意识再次成为关注的焦点。维格纳（E. Wigner）曾指出，当物理理论的触角伸向微观现象时，量子力学应运而生，意识概念再次成为关注的中心。如果不诉诸意识，而以一种完全统一的方式阐释量子力学的规则就没有什么可能性了。基于量子与意识如此密切的联系，加上量子力学的成果客观上存在着可多样解读性，一些新二元论者就积极利用量子力学的最新成果，来做有利于二元论的解读，从而使得量子二元论的诞生成为必然。

以量子力学为基础的二元论主要有两种论证方式。一种是形而上学的方式，即利用量子力学的最新成果对二元论发展的形而上学原则做出修改。另一种是实证的方式，就是通过量子力学的具体成果来论证、发展二元论。量子力学改变了我们的本体论，迫使我们放弃只有粒子事物才有存在地位的观点，承认非粒子性的实在也有其存在地位。由此，在本体论上对二元论做出辩护：无广延的场是存在的，没有形体的心灵也可能存在。以玻尔（Bohr）和海森堡（Heisenberg）为代表的哥本哈根学派从科学的角度阐释了意识理论，提出了一种新的本体论，认为存在的即是真实的，真实 = 被测验、被观察、被意识到。而没有意识的介入，测量是不可能进行的。由此得出意识是真实存在的，类似的还有关于光子的双缝实验、波函数概念、"薛定谔的猫"等，都得出关于意识的新观点：认为对其他事物的测量或观察都离不开意识的作用，而意识是不同于物理实在的一种存在，有着独立的本体论地位，是其他事物存在的前提或基础，从而为量子二元论提供了重要论证。同时，针对心身因果作用的问题，量子力学也提供了新的认识。传统科学认为事物之间要发生作用，必须是有形实体，有质量和能量，在时空上接近，即物体之间不能有超距作用。新二元论对此提出：根据贝尔定理，某些双粒子即使隔得很远，只要其中一个粒子受到某种作用力的影响，另一个粒子也会受到影响。对于此种现象，哲学家海尔（Heil）的解释是：贝尔定理超越了因果关系的简单台球模型，打破了传统的关于物质运动规律的认识界限，无疑起到了思想解放的作用。特别是当这一点与关于量子理论的某种有影响的解释相结合时，二元论能得到新的理解和说明。至此，二元论不仅是可能的，而且是常识性的。

第二，神经科学走向。现代脑科学、神经科学取得的历史性成就掀开了意识的神秘面纱。脑的功能定位研究、神经损失与认知能力关系的研究等，将大脑与意识联系在一起。一般而言，神经科学发展的成果是进一步佐证和论证了唯物主义的结论，深化和发展着唯物主义。然而，随着对大脑、意识研究的不断深入，一些脑科学家、神经科学家反而倒向了二元论。在他们看来，虽然对大脑有了更清楚的认识，但只限于意识的神经关联物，并不是意识本身，对于意识的理解仍然是不清楚的。意识与大脑之间存在着一条鸿沟。正如麦金所说，我们至今仍没法说明大脑中的什么东西产生了意识。

既然脑科学的具体成果尚不足以认识意识本身，必然就会出现对同一材料的不同解读。其中，一个有点不可思议的事实是，在脑科学研究取得了巨大发展的同时，二元论依然留存了下来。虽然在脑科学成果的多样解读中，居主导地位的仍然是各种形式的唯物主义或还原论，但埃克尔斯等人却站到了唯物主义的对立面，利用最新的神经科学成果，为二元论提供新的佐证与新的论证。弗卢里-克洛伯勒（P. Flury-Kleubler）利用神经科学成果论证意识的独立存在，认为大脑中独立存在着不同于神经生理过程的主观经验。利贝特通过"意识半秒延迟实验"及相关实验，对意识的存在做出实证性的论证，认为意识经验不能等同于大脑过程，二者不是同步发生的，存在着自由意志。为此，他还提出"有意识的精神场"理论，认为意识经验一旦产生，就不能被还原为大脑的神经活动过程，但能够反作用于人的神经活动，影响行为输出。埃克尔斯则在进化论、量子力学、神经科学等基础上，多角度展开论述其二元论思想，论证意识的存在，其心脑相互作用论认为心智与大脑独立存在、相互作用，并且自我意识具有控制神经事件的能力；基于微粒子假说，建立了心脑相互作用的"一元化假说"，对二元论做出了新的证明。由于神经科学自身的特点，无论是形成的概念还是理论等，都看似更接近心身实际，具有直接性的特点。

第三，回归或复兴神秘主义的倾向。在科学昌盛的时代，任何理论或思想，如果不能见容于科学，往往都会遭到人们的唾弃。虽然现当代各种非神秘主义的思潮和倾向占据主导地位，但神秘主义并没有销声匿迹，而是以吸收新科学的成果、打上新时代的烙印、贴上新科学的标签等各种方式提升自己的存在感。现当代的新神秘主义可以说是新瓶装旧酒。它在坚持旧神秘主义观点的基础上，利用科学中的新材料、新成果，寻求新的理论支撑，使古老的神秘主义、二元论焕发出新生机。但归根结底，心灵哲学中的神秘主义本质上就是二元论或多元论。

美国物理学家沃尔夫（F. A. Wolf）是当代神秘主义者。他认为，灵魂是神秘的，它存在于但不仅限于人类肉体中。薛定谔更是强调，要解决意识难题，需要从《奥义书》的古代智慧中寻找。薛定谔对吠檀多派尤其喜爱，在悉心研究后他创立了独树一帜的心灵观。薛定谔认为，心灵是整体的"一"，在进入不同个体身体后分化为"多"，如同光照亮人一样。薛定谔还以科学的态度，用生物学、遗传学的方法对灵魂不朽说进行了论证。他认为，生物由个体到个体的繁殖行为形成的一系列的遗传链条，不是肉体和精神生命的中断，反倒是其关系密切、紧致的表现。在任何情况下，都不应该有对生命死亡的悲哀。神秘主义之所以能在科学大行其道的今天占有一席之地，就在于世界太过于复杂，万事万物都有其存在的可能性。而已有的科学还不完备，尚无法对所有事物做出明确的论证，提供认识论根据。因此，就连一些哲学家、心理学家、科学家等，其思想中也往往有神秘主义的倾向。例如麦金，一方面坚持本体论上的自然主义，另一方面又认为无法对意识做出科学解释，既然如此，对意识的神秘主义的解释也是可能的。弗拉纳根（Flanagan）甚至提出"关于意识的神秘主义"理论。然而，尽管神秘主义者诉诸科学，建立了科学的心灵理论，但毋宁说更像是一种信仰。薛定谔说过，"任何有知识的人即使相信这些虚构宗教事物的存在，也不会指望在这个宇宙的研究可及的任何地方找到它们"[①]。虽然神秘主义的理论很难通过科学实验来证实，因而有争议与批判，但神秘主义者对之所做的努力仍然是值得人们重视的。

第四，自然主义走向。自然主义在20世纪的英美哲学中占据主导地位，它在面对意识困难问题上，与传统二元论形成了两种不同的解答方案。自然主义认为包括意识在内的所有事物，从根本上说都是物理的，其存在与否要经过自然科学的检验。自然科学能证明是存在的就存在，否则就不存在。意识要证明其存在地位，也必须经过自然科学的证实。自然主义对意识问题的解答不同于二元论的第一人称视

---

① 赵晓春，徐楠.薛定谔.上海：上海交通大学出版社，2009：122.

角，而是以第三人称为立足点，将意识当作发生在他人身上的一种客观存在的东西加以观察，如行为主义。从表现形式上看，自然主义走向包括功能主义、行为主义、表征主义、还原主义等，认为可以通过意向性来解释意识。物理主义与自然主义一样，都承认科学至高无上的地位，因而本质上都是一种唯物主义。

随着时代的进步，自然主义和二元论都从飞速发展的科学成果中汲取营养来发展自身，但却在持续保持的对抗中，逐渐表现出靠拢、融合的趋势，形成了自然主义二元论，查默斯（D. J. Chalmers）正是其重要代表。他在坚持自然主义立场的同时，认为意识也是一种基本属性，心灵有着独立的存在地位。因此，从本质上讲，查默斯的理论是二元论的，但它同时又具有自然主义、泛心论、功能主义等倾向。麦金也指出，在心身问题上，单纯的自然主义或二元论都是片面的，无法实现正确认识，需要将二者结合起来，他认为应有的正确态度是既赞同唯物主义所主张的一切都是物理的，又认可二元论对意识非空间性特点的主张。虽然自然主义二元论在理论描述中带有推测，甚至是猜想的成分，但作为现当代二元论发展的新趋势，其对意识困难问题的创造性解答的价值也是不容忽视的。对此，查默斯认为它比唯物主义具有更大的解释力，既承认物理实在的根本性，又承认原经验的本原性。麦金也提出，自然主义二元论即使不那么令人信服，但具有建设性，拓展了心身问题的意义。

第五，从感受性质或现象意识出发论证二元论的走向。"（所谓的）感受性质即经验的主观特性，它不是经验本身，但必须依赖经验，这种感受是经验的质的维度的呈现，是主体在经验某种状态时所注意到的特征。"[①]它经由大脑的神经生理过程产生，是一种难以言表

---

① 严国红，高新民.意识的"困难问题"与新二元论的阐释.福建论坛（人文社会科学版），2009，（6）：41-45.

的主体感受，如疼痛的程度。不少思想家通过大量的思想实验和论证指出，感受性质完全是非物理的，它不能同一于、还原为物质实在的性质或存在，同物理性质一样，也有独立的存在地位。世界不完全是物理或物质的。新二元论者对此提出，如果物理主义能对心灵哲学的一切问题都做出说明，证明世界是物理的，那么二元论就不会存在。但事实上，物理主义没办法对所有问题都做出回答，正如杰克逊（F. Jackson）所说，唯物主义无法说明有意识经验的诸方面。既然物理主义无法解释世界上的所有现象，而一些发现者又认为感受性质是真实存在的，并且是非物理的，那么就必然会导致二元论的倾向。感受性质的二元论是在传统二元论基础上产生、发展起来的，表现出对物理主义和传统二元论超越的特点。

第六，从意向性出发论证二元论的走向。所谓"意向性指的是贯穿在一切心理意识活动、过程、状态中的关联作用或关于性（aboutness）、指向性、超越性"[1]，是人最独特、最本质的方面。意向性不同于只能存在于真实事物之间的物理关系，其对象可以存在，也可以不存在，因而也成为二元论者关注的重要对象。

现当代有关意向性的研究，主要有两大走向：现象学和分析哲学。布伦塔诺（Brentano）与胡塞尔（Husserl）虽然没有直接从意向性中引出二元论的结论，但却带有二元论的倾向，为后来二元论的论证奠定了重要基础。布伦塔诺否认心灵实体的存在，但认为意向性是区别心理现象与物理现象的根本标志，强调心理属性与物理属性的不同，属于属性二元论。胡塞尔从现象学出发，给予意识和意向性以本体论承诺。他将意识看作是原范畴，即产生其他范畴的根源，认为意

---

① 高新民．心灵与身体：心灵哲学中的新二元论探微．北京：商务印书馆，2012：305.

向性是"主体的人本身的纯粹固有本质的东西"①，从而形成了一种新的现象学二元论。麦卡洛克（McCulloch）则公开站在自然主义的对立面，将意向性、现象学和外在主义有机融合在一起，形成了超越传统二元论的一种新的二元论。

总的说来，在英美分析哲学中，有关意向性研究的一个重要特点就是自然化，试图铲除意向性研究中的二元论和神秘主义倾向等。然而，由于意向性的独特性，这种自然化并不成功，反而滋生了各种各样的二元论。

现代西方神经科学中的二元论的发展除了在形式、走向上的新变化外，还产生了许多新的论证样式，其中比较有影响的论证有如下几种。

（1）本体论论证。从根本上说，"本体论论证"是现当代二元论最为重要、最有力的论证，它既是关系到二元论能否在理论上站住脚的合法性基础，也是推动新二元论发展的重要论证，还有助于人们进一步思考存在的本体论问题。

本体论论证的内容主要分为两大部分：第一，二元论的形而上学意义问题。具体涉及二元论所主张的无广延性的心灵存在有没有本体论上的根据问题。第二，唯物主义反二元论所做的论证的合理性问题，其最主要的问题是：如果承认无广延东西的存在，那么唯物主义根据有形的存在即广延性东西的存在来驳斥二元论是无力的。量子力学等科学成果已经揭示了光、波函数、概率场等无广延性东西的客观实在性，这表明唯物主义反对二元论的论证是不合理的，没有说服力。如此说来，二元论并没有被驳倒。

（2）思想实验的论证。"思想实验的论证"可以说是现当代二元论的一种新颖的论证方式，其中最有影响、最有代表性的是杰克逊的

---

① 胡塞尔. 欧洲科学的危机与超越论的现象学. 王炳文译. 北京：商务印书馆，2001：285.

"知识论证"、内格尔（Nagel）的"蝙蝠论证"以及查默斯的"怪人论证"。为了论证感受性的存在性，这些论证的程序一般是先假定物理主义的正确性，再以证伪法、反证法等基本方法进行反驳，最后得出唯物主义、物理主义是有遗漏、有限度的，因为它不能证明所有的知识，由此得出二元论的结论。

"知识论证"是杰克逊用以论证感受性质存在的一种重要的思想实验，其基本思路是以思想实验的方式揭示有关物理世界知识的有漏性，证明感受性质真实存在的可能性。知识论证的具体做法是：设想把一个叫玛丽的人关在一间只有黑白颜色的房子中，而玛丽是掌握了日常生活中各种颜色方面的物理知识的。某一天，玛丽恢复自由后走出房间，看到现实生活中真实的颜色时，她可能会惊讶于经验到的颜色。杰克逊对此的解释是：玛丽既然已经掌握了关于各种颜色的物理知识，那么，她就获得了有关颜色及颜色视觉的所有物理知识。在她走出房子时，是不会立即获得任何新的知识的。但事实上，当玛丽看到真实的颜色时，却产生了过去不曾有的新东西，获得了关于颜色的新见解，但这个新见解不是物理知识，那么是什么呢？杰克逊的解释是很有可能存在着与颜色相联系的主观的、质的领域。当玛丽在房子里时，她仅仅只知道颜色的主观质的基础，即物理方面的知识。而当她离开房子后，在看到实在的颜色时才能经验到这种主观质的东西。因此，杰克逊认为，人们可能有一切物理信息而并没有一切应有的信息，功能主义是错误的。

在杰克逊看来，当玛丽走出房间看到外面的颜色时，她必定产生了关于颜色的经验和感受，有了新的知识，而这是过去物理知识所不能涵盖的。这意味着她先前所学的关于颜色的物理知识是不完善的，无法囊括关于颜色的真正体验和感受。由此，杰克逊认为"知识论证"说明物理知识包含了关于物理世界的一切知识，如果还有物理知识无法说明的东西，那它一定在物理世界之外，感受性质是可能存在的，物理主义是虚妄的，这就是反对物理主义的知识论证。

内格尔用"蝙蝠论证"说明感受性质或主观特性只能从主观的观点出发，采用非物理的方法才能认识。试想"成为一只蝙蝠可能是什么样子？"或"蝙蝠的经验是什么样子？"内格尔认为，蝙蝠视力不佳，但其大脑可以借助声呐系统准确分辨事物的距离、运动等。可以说，蝙蝠也是有经验的，但却与我们的不同。即使我们了解了蝙蝠的神经生理结构，也还是无法知道它的经验是什么。我们无法用描述我们经验的术语来描述蝙蝠，同样无法描述其他任何生物。内格尔强调，每一个人的经验都有其自身的质的特征，只能从主观的观点出发才能把握，但它们又都是客观的，需要物理主义予以正视；有意识的经验是真实存在的，且不同于物理实在，从而为二元论做出论证。

"怪人论证"由查默斯提出，也是用来批判功能主义以论证感受性质的存在。其思想实验内容是：假定存在一个"怪人"世界，它的物理存在同一于我们，却完全没有意识经验。也就是说，在"怪人"世界里，它们尽管和我们世界的人在物理层面上是一样的，但它们不能像我们一样形成意识经验。其情形是：当我们与"怪人"世界的孪生者面对一模一样的环境时，"怪人"能像我们一样做出同样的行为但无法像我们那样形成相应的意识、感觉。比方说，当我们看到远处的丛山、吃到美味的食物时，我们会有关于颜色的觉知，会有美味的感觉，而这在"怪人"身上是没有的。他能知觉到树的存在，闻到花的味道，却无法产生现象感觉。由此，查默斯认为"怪人"只是物理、功能同一于我们，却没有伴随着的感觉、意识。感受性质与物理事实是没有关系的，意识经验具有独立性。由此可以推断出：在逻辑上"怪人"世界是可能的，也能证明功能主义是错误的。

（3）模态论证。"模态论证"也被称为"可能性论证"，是感受性质论证的重要形式。它以克里普克的必然性理论为基础，在查默斯等人那里被完善。其一般形式是：假定 Q 为一种感受性质，N 为物理性质。如果 Q 同一于 N，那么，Q 同一于 N 具有形而上学的必然性。但事实上，这种必然性并不成立，Q 与 N 的同一只是可能或偶然的。因此，Q 不同一于 N。

克里普克的论证包含两个核心的命题。第一，有关同一性的命题所描述的内容在一切可能的世界都是真的，否则就是错误的。第二，从形而上学的必然性来看，这种必然性并不成立。例如，我们一般将 $H_2O$ 与水看作是同一性命题，认为它是真的。然而，从模态上看，它并不是对一切可能世界都这样，在湖、海中的 $H_2O$ 就是偶然的，并不具有必然性。

模态论证还包括"感受性质缺席论证""可多样实现论证""颠倒光谱论证""可设想性论证"等形式，由此来说明感受性质与物理性质是不同的，世界不完全是物理的。

（4）经验鸿沟论证或认识论论证。虽然"经验鸿沟论证"或"认识论论证"的论证形式形成得比较早，但在今天仍然占有重要的地位。最初，哲学家莱布尼茨（Leibniz）假想着如果能把人的大脑放大到房间那样大，人进去会看到什么呢？莱布尼茨认为，如果能走进大脑房间去看的话，看到的只是大脑中的各种神经，至于思想、感受、经验等是看不到的。后来，哲学家伊温（A. C. Ewing）进一步设想：将烧红的铁块放在手上，可以轻易地发现自我感受到的东西，这与生理学家从外部观察到的东西是完全不同的。也就是说，即使是同一个事件，当从两个不同的角度去观察时，也会形成不同的认识，两者之间有着根本的不同，即人自己体验到的经验与他人从外部获得的有关经验之间有着巨大的鸿沟。由此，论证可以有两种形式。一是在认识论上，确定关于心与物的认识是完全不同的。二是由此推进，认为心与物是两种不同的存在。奥肖内西（O'Shaughnessy）就提出，人能够通过自我认识得到外部观察时所看不到的有关意识的认识，意识主体从心理上对经验实在做出分辨表明：他自己的心灵中具有某些基本的实在，从而得出意识有自己独立的存在地位。同时，通过搜集人与世界交往过程中表现出来的各种认识能力，如整理材料的能力、创造性思维、掌握规律的能力等，以证明它们归属于精神性主体，而不是物质性身体，精神性主体具有独立存在的地位。

除此之外，还有基于心理现象特殊性的论证、怪异论证等，都试图从不同的方面来论证二元论。但总的来说，各种各样的二元论证无非就是两种可能性：一种是肯定性的论证，一种是否定性的论证。其实，这两种论证是正反相通，都是利用相关材料进行正面直接论证或反面反证，最终都是要证明物理主义或唯物主义的错误，二元论的正确。

由于物理主义和二元论在很多问题上都持对立的观点，并且双方都没有确定的证据来证明自己理论的绝对性，因此，否定性的论证目前来说很有市场，它利用较强的逻辑来论证一方为假，从而达到证明另一方为真的目的。

尽管各种形式的二元论由于各自理论上的局限性，存在这样或那样的问题，以及偏颇的地方，但这也从另一个方面表明了二元论在新时代的发展。无论在理论形式上，还是在论证方式上，二元论都显示出了在当代科学技术最新成果的影响下最新的发展走向。

纵览当代西方神经科学领域中流行的各种理论，如克里克、达马西奥（Damasio）、埃德尔曼、坎德尔（Kandel）、彭罗斯（Penrose）等人的理论，从科学和哲学的视角看，尽管认知神经科学取得了举世瞩目的进展，但对其一般性理论的说明却并不尽如人意，这是当代西方神经科学领域流行的各种理论的一个总体画面。

# 第二章

## 薛定谔的神秘主义气息的意识理论

薛定谔是著名物理学家、诺贝尔奖获得者，且对分子生物学的发展做出了重大贡献。在科学家中，薛定谔的一个特别之处就是对哲学始终如一地怀有巨大的热情。薛定谔自小就从家庭教师那里接受到哲学的启蒙教育。成年后尤其是大学时期，他更是专门系统地修习哲学课程。在取得理论物理学讲师职位之后，他又制订了在从事物理学研究之余将所有的剩余时间都投入到对哲学问题的更深研究的计划。他非常反感某些科学家对哲学的鄙视，认为藐视哲学、不关注哲学的做法是荒唐可笑的。薛定谔对哲学的持续关注，使他对从古希腊哲学到康德哲学再到叔本华哲学都非常熟悉，在他的著作中就经常引用这些哲学思想。其中涉及最多，也是薛定谔最感兴趣的当数叔本华哲学和印度的神秘主义哲学。薛定谔似乎对神秘主义的哲学思想情有独钟，在其对生命、心灵、意识、智力和自由意志等问题的思考中，由科学素养而展现出的自然主义精神和其热衷的神秘主义精神总是交织在一起，这种情况在其几乎所有的哲学著作中都有表现。

# 第一节　调和哲学与科学的意识研究策略

薛定谔对意识研究的根本立场是自然主义的，但在某些自然主义无力完全解释的意识研究中，他又诉诸神秘主义，这是一种调和哲学与科学的意识研究策略。

自然主义是西方哲学研究中长期存在的一种本体论和认识论倾向，在当今的心灵哲学研究中占有主导地位。同唯物主义、物理主义相比，自然主义与它们有着相同的本体论立场。在自然主义看来，世界万事万物都是自然的、物理的、客观的，也都是能够纳入到科学的范围进行研究的。对于意识，自然主义不仅赋予其客观的存在地位，还将其自然化，给予其能够且必须得到的科学解释和说明。这表明，自然主义本质上与物理主义一样是唯物主义的。它们都给予物理世界的客观真实性及其科学诠释的可能性的承诺，都推崇科学的解释权、评判权与检验权的至高权威性。当然，自然主义与物理主义也是有区别的，这主要表现在判定本体论的标准不同。自然科学是自然主义评判本体论的标准，而物理主义的这一标准则仅仅是物理学。显而易见，自然主义的标准比物理主义的标准要宽泛得多，也宽容得多。

## 一、调和自然主义与神秘主义的意识研究方法论

诚然，薛定谔本人在其著作中从未使用过"自然主义"一词，但其在意识问题研究中所表现的倾向确实是自然主义的。薛定谔在其多部著作中都明确表示要以自然科学特别是物理学、生物学和化学作为其解释生命、意识、心灵等复杂现象的解释项。他所关注的问题的核

心是：生命有机体内部究竟发生了什么事件？或者说生命有机体的空间界限内发生的事件在本质上究竟是什么？如何用物理学和化学等科学来解释这些事件？在解答这些问题时，薛定谔明确表示："科学是我们回答那个包含所有其他问题的最大的哲学问题之努力的必要组成部分，普罗提诺将它简洁地表述成：我们是谁？"[①]

同时，薛定谔又坦承他受到叔本华、荣格以及东方神秘主义思想（如《奥义书》）的影响，在解释意识问题时，他不断从中借鉴意识的统一性等众多思想资源，从而明显表现出一种要求跨学科、跨文化研究的倾向。科学与哲学、东方与西方不应该是封闭对立的，面对意识现象这样复杂难解的问题，只有双方携起手来才有可能找到解决问题的出路。的确，哲学关于意识的很多研究和见解属于形而上学，对于实证的、经验的意识科学研究看起来没有什么帮助，而实则不然。以开放的眼光，把看似对立、实则能够相互助益的方法综合起来，是解答意识难题的不二法门。薛定谔认为，人类如果尝试将这些思想的力量联合起来，将大大提高自身的认知水平。当然，这种方法上的综合并不总是有效的，薛定谔对其大力推崇的《奥义书》中的某些思想的借鉴就明显有不合理的成分。比如，他为解决心身问题提供的解决方案是主张把意识看作是一个单一的整体，他所谓的"我就是你，你就是我""我在东也在西，在上也在下""我就是整个世界"等主张很令人费解。

作为印度古代哲学和宗教思想渊源的《奥义书》是吠陀文献最重要的组成部分。"奥义"的意思就是秘传。《奥义书》的基本主张是"梵我同一"，其核心概念是"我"——个体的我等于无所不在、无所不包的永恒之我。这也是后来各派讨论和争执的一个话题。它有两种

---

① 埃尔温·薛定谔. 自然与希腊人 科学与人文主义. 张卜天译. 北京：商务印书馆，2015：122.

指称。一是指人我，即在每个人的身体、生命中作为主宰和中心起作用的东西，也可称作"小我"。二是指"梵"，即宇宙"大我"，它是世界万物的主宰。在"小我""大我"关系问题上，《奥义书》一般持"梵我同一"或"梵我一如"的观点，认为两者在本质上同一，"梵"是一切"小我"的本质[①]。由于小我之无明，小我便与大我相分离。一旦消除无明，两者便又能同一。如果说印度思想也重视对整个世界做出区分的话，那么它不同于西方。如钱穆先生所说，西方是先将人和世界分成两半，然后再来求统一。印度则不同，前提至少是相信或预设世界统一于"梵"，然后为了进一步整体把握，再来对世界做出区分，而且所做的划分不一定是二分。比如，基于对"梵""我"关系的认识不同，"因此出现了不一不异论、不二论、限定不二论、二元论、二而不二论、纯净不二论、不可思议差别无差别论等分派"[②]。了解《奥义书》的思想特点对于研究薛定谔的意识理论有重要作用，我们随后将会看到在有关意识的很多重要问题上，薛定谔给出的解决方案和《奥义书》的内容具有一致性。受此影响，薛定谔的意识理论难免具有神秘色彩，他曾表示，意识在我们的世界中比幽灵还要幽灵。

应当指出的是，当前心灵哲学发展中确实出现了带有神秘色彩的自然主义二元论的研究倾向，如查默斯和麦金等人所开创的"泛心原论"等。这些理论极力促成二元论与自然主义的融合。为什么会这样？当如何理解呢？其实不难理解，这主要是由科学的正确性、重要性决定的，也被自然主义与二元论所正视。为了不被时代所抛弃，自然主义、二元论，包括其他的唯物主义、唯心主义都会应势而动，竞

---

① 乃文.奥义书.北京：商务印书馆，2010：9.

② 高新民.心灵与身体：心灵哲学中的新二元论探微.北京：商务印书馆，2012：167-168.

相从科学发展及其最新成果中及时地汲取营养，就会有种种新的发展变化。在诸多变化中，相互间产生对抗的态势与靠拢的倾向就不奇怪了。对此，现代西方多个哲学家都关注到了。例如，查默斯就认为，意识既是一种特定的独立存在，又是一种基本的属性。作为一种特定的独立存在，意识必须依附于大脑这一物理实在，离开大脑物质基础，意识根本无从产生。而作为一种基本属性，意识显现的是大脑的机能和属性。所以，查默斯的二元论被烙上鲜明的自然主义色彩就不难理解了。尽管麦金旗帜鲜明地讲自然主义，但由于其承诺心灵的独立存在地位，也就难掩其二元论的思想倾向。如果抛开具体的理论观点，单从思想方法来看的话，不难发现，当前自然主义与二元论融合的尝试与薛定谔的意识研究方法如出一辙。

## 二、调和物理学与哲学的生命现象解释学

无疑，薛定谔的意识研究带有强烈的自然主义印记，特别受到物理学、化学和生物学的影响，这首先表现在他对意识问题的独特的提问方式上。薛定谔没有像一般的科学家和哲学家那样一开始就针对意识本身进行提问，如直接追问意识的本质、来源、特点、形式、内容等，而是在一个宏观的、整体的视域中，把意识现象纳入整体的生命过程中进行考察，进而从根本上探究意识的基础问题。就出发点而言，其探究并非形而上学式的，而是以当前所能利用的物理学和化学知识为工具，辅之以适当的分析和推论。

作为一位伟大的科学家，薛定谔的意识研究充分利用了当时可以利用的物理学、化学和生物学等自然科学方面的研究成果，并且用较为通俗的语言，对意识和生命现象尽可能做出解释。但是，就其结论而言，薛定谔对生命和意识的解释并非完全基于科学，而是在此基础上更进一步，从其断言科学不能涉足之处出发逐步过渡到形而上

学。这首先是由意识和生命问题本身的难度所决定的。无论在当今的意识科学还是意识哲学研究中，意识研究的难度之大都得到了充分的认可。而到现在为止，科学对意识的研究虽然有极大兴趣，并投入甚多，但总体进展并不算大。神经科学家巴尔斯（Baars）对当前科学意识研究的整体水平曾有这样的评价：当前对意识的科学研究总体上仍然处于起步阶段，对意识的研究阶段大致相当于 1800 年左右对电的研究。就此而论，在薛定谔创立其意识理论的年代，科学对意识的研究与今天相比尚有很大差距，因此，其意识理论中存在形而上学的成分是难以避免的，其研究从科学起步，但是科学对于意识研究"知之甚少"，就自然过渡到哲学结论上了。其研究思路是：既然意识是生命现象的特征，甚至是生命现象最精华的部分体现，那么生命如何从自然界中起源，如何维持其自身，进而维持意识的发生，就是科学真正应该研究的问题，但如果科学无力作出解释，则难免在最大限度利用科学结论的前提之下，对科学结论进行改造，给出一个哲学上的解释。按照这一思路，薛定谔找到了科学研究解释生命的困难之所在。

在薛定谔看来，已有的物理学和化学研究成果难以解释生命有机体内部发生的事件，如意识现象，其根本原因在于结构上的根本差异。也就是说，"认为生命有机体活性部分的结构迥异于物理学家和化学家在实验室或书桌旁用体力或脑力处理的任何一块物质的结构"①。这集中体现在非周期性晶体和周期性晶体的差异。薛定谔认为：周期性晶体是迄今物理学家所研究的全部对象，而非周期性晶体"正是生命的物质载体"。他概括说："即活细胞最重要的部分——染色体纤丝——可以被恰当地称为非周期性晶体。迄今为止，我们在物理学中

---

① 埃尔温·薛定谔. 生命是什么？——活细胞的物理观. 张卜天译. 北京：商务印书馆，2018：6-7.

只处理过周期性晶体。"[①]薛定谔承认，有机体的运作一定需要精确的物理定律，但是这个定律的把握却是一个难题。他甚至认为，我们对意识过程的本性一无所知，而且这个过程实际上超出了自然科学的范围，甚至很有可能完全超出了人的理解范围。薛定谔的策略是从生命的典型特征出发进行分析，追问生命在什么情况下是存在的，或者说一个物质在满足什么条件的情况下才能说是活着的。按照这种思路，薛定谔找到了"熵"这样一个物理学概念，"熵"成了薛定谔对生命和意识进行自然化的主要手段之一。

熵是一个可测量的物理量，其大小与物质的温度相关。比如，当温度是绝对零度时，任何物质的熵都是零。质言之，熵作为一个专业的物理学术语，并无神秘性可言。薛定谔通过分析熵的统计学意义，指出世间万物运动的一个基本的自然倾向。他说："除非我们事先避免，否则事物会自然趋向于混乱状态（这种倾向类似于书架上的书籍或写字台上堆放的纸张手稿所表现出的状态。在这种情况下，与不规则的热运动相类似的是，我们时不时去拿那些图书和稿件，却没有费心把它们放到合适的地方）。"[②]就此而言，当一事物的状态达到物理学家所谓的"最大熵"或者热力学平衡时，该事物就是一块死寂的、惰性的物质。如果有机体达到这种状态，就可以被说成是"死了"。

如果说熵的最大化就是死亡的话，那么，摆脱死亡或者活着就是避免熵最大化或者减小熵的一个过程。薛定谔创造"负熵"这一概念，是要阐明有机体的生命活动，去追问生命：生命的典型特征是什么？一个物质什么时候可以说是活的呢？如果物质之有生命

---

① 埃尔温·薛定谔. 生命是什么？——活细胞的物理观. 张卜天译. 北京：商务印书馆，2018：7.

② 埃尔温·薛定谔. 生命是什么？——活细胞的物理观. 张卜天译. 北京：商务印书馆，2018：77.

就在于它能够与环境交换物质，并在此情况下较长时间地持续下去，那么，生命有机体正是通过交换来避免衰退的。这种交换用专业的术语讲就叫"新陈代谢"。有意思的是，"新陈代谢"一词所对应的德文的字面意思就是"物质交换"。这样一来，就引出一个新的问题：我们的食物中到底有什么宝贵的东西使我们能够免于死亡呢？薛定谔用熵对此问题进行了回答：生命有机体在不断增加自己的熵——或者可以说是在产生正熵——从而趋向于危险的最大熵状态，那就是死亡。"要想摆脱死亡或者活着，只有从环境中不断吸取负熵——我们很快就会明白，负熵是非常正面的东西。有机体正是以负熵为生的。或者不那么悖谬地说，新陈代谢的本质是使有机体成功消除了它活着时不得不产生的所有熵。"① 质言之，有机体赖以维持生命的新陈代谢就是通过不断向自身引入负熵，以抵消其按照自然状态而产生的熵的增加，生命的过程就是有机体使自身维持在相对稳定的低熵水平上的过程。"以负熵为生"表征的不仅是生命的基本秩序，而且也奠定了包括意识活动在内的一切生命现象的基础。

一个人为什么会活着，或者说为什么会有生命现象的存在？这一直都是哲学研究中的一个重点问题。虽然历史上对这一问题早有发端，但直到现当代，随着多学科研究的推进，这一问题才逐渐成为一个广受关注的热点问题。实际上，哲学和其他学科在不同历史时期曾分别以不同方式，使用"自我保存""存续""持续""持续存在"等范畴涉及这一问题的研究，并留下一些至今仍具有研究价值的成果。柏拉图曾创造性地阐发过关于活着和存续这样具有现代意义的思想。他认为，灵魂的本质在于活跃能动，每个有生命的个人活着、存续的

---

① 埃尔温·薛定谔. 生命是什么？——活细胞的物理观. 张卜天译. 北京：商务印书馆，2018：75.

基础或者媒介不是物质性实在，而是灵魂。中古时期的基督教神学关注的是神所创造的世界的保存问题，而对人的保存问题并不关心。经院哲学受亚里士多德的影响，致力于对人的保存问题的探讨。自此，人自身的保存开始成为广受关注的研究课题。此后，经过哲学、人类学、政治学的共同努力，活着问题才成为当前心灵哲学研究的重点内容之一。自我保存必定涉及活着、存在者的存在、此在和他者，因此，在当代，自我保存自然成为存在主义、现象学和心灵哲学等共同关注的焦点。

薛定谔以"熵"为基本概念对生命和意识现象的自然化说明与当前心灵哲学关于人的同一性和生命存续、活着等的研究相呼应。薛定谔对于生命的研究不只为意识现象提供根本的基础意义，而且对于人的同一性、自我等与意识研究紧密纠缠在一起的其他心理现象的研究也具有重要价值。薛定谔注意到，以往人们在解释生命现象时，运用到一些超自然的力或者非物理的因素，如"活力""隐德来希"等概念，他创造性地提出和运用"负熵"这一物理学中原本没有的概念。就此切入，薛定谔从物理学转场到哲学。当他自信满满地用"熵"概念的时候，他的自然主义更多地具有物理学的性质。而当他使用类比的方法说"负熵就是取负号的熵"的时候，他的自然主义又具有形而上学的气质。他关于生命的隐喻式的说明，如"生命有机体仿佛是把负熵之流引向自身，以抵消它在生活中产生的熵增，从而使其自身维持在稳定的低熵水平上"①，带有自然主义的神秘气息。

事实上，在过去的两千多年中，意识现象一直是哲学研究的中心论题之一，而科学热衷于意识的研究，直到最近二三十年才逐步形成一个相对明确的意识科学研究领域。因此，任何有关意识的严肃

---

① 埃尔温·薛定谔. 生命是什么？——活细胞的物理观. 张卜天译. 北京：商务印书馆，2018：77.

的科学研究忽视哲学在过去长达两千多年的研究都是不明智的，当前科学家研究意识问题的努力已经验证了这点。质言之，意识的哲学研究会对意识科学研究产生深远影响，反之亦然。面对意识问题，薛定谔对科学特别是物理学与哲学进行调和就构成了其意识研究的基调。

# 第二节　意识、道德与人的进化

毋庸置疑，达尔文的进化论对哲学研究产生了深远的影响，以至哲学研究中将意识作为一个演化范畴来解释并不是一件新鲜事。直到现在，心灵哲学在解释人的各种心理现象时，进化论的解释仍被认为是最有力、最常见的一种。通常的做法是将意识现象作为生物在长时间的演化中为获得更有利的生存机会而产生的一种优势机能。比如，相对于不具有意识的生物，有意识的生物生存机会更大，相对于意识水平较低的生物，意识水平较高的生物获得的生存资源会更多。这样，意识就是一个演化范畴，我们解释意识现象自然应该将其放在自然生物演化的整个历程中来看待。

## 一、作为演化范畴与新经验的意识

薛定谔在利用进化论解释意识现象时，同样呈现出他受神秘主义和具有革命意义的研究方法论影响的倾向。在世界观上，薛定谔不赞同将世界看作是"独立的客观存在"的观点，其理由在于，"世界……不仅仅是以其自身的存在显现出来的，其显现出来的条件依赖于这个世界中那些非常特殊部分中发生的特殊事件。这个特殊事件指的是发生在大脑中的某些事件"①，实际上就是意识。所以，薛定谔要求把意识置于其自身在其中演化的那个世界中去理解，而那个世界之所以出现又与意识本身的作用不可分割，因为意识正是这个世界出现的条件之一。质言之，人们通常所认为的那个所谓的独立的客观世界正是意识和其他未知的东西相互作用的产物，离开了意识就不会有什么客观世界。所以，客观世界并不是能够离开人的意识而独立存在的另一个世界，而是与人的意识存在着难以割断的联系的世界。应该说，薛定谔注意到的一个重要问题就是：以往人们在进行意识研究时，尽管采用的都是进化论的研究策略，但是，意识与世界的关系是对立的。这种研究假定存在着一个独立的客观世界，这个世界的产生和运行不受意识的影响，这正是所谓客观世界的本意。这样一个客观世界却为意识的产生、运动、作用提供了场地，当然，它也仅仅是作为场地的提供者而存在的，至多只能说为意识提供了各种必备的条件。薛定谔不满于这种思考意识问题的方式。他认为，意识与世界的关系不是二元对立的关系，而是一种神秘的统一关系。如果不在这种统一关系的视角下思考意识问题，就难以把握意识的奥秘。

可见，同样是基于进化论，但薛定谔改变了以往那种从进化论视角研究意识问题的研究方式，这种独特性表现在以下几个方面。

其一，薛定谔反对将意识与其演化的世界二元对立的简单化立场。薛定谔看到了意识研究中存在的问题，对采用将意识与客观世界对立起来的方式研究意识问题的批评也是切中要害的。当然，薛定谔寻找的解决方案并不是唯一的方案，而且其中的神秘主义成分让人难以接受。但就当时而言，薛定谔从其神秘主义世界观出发，构思意识与世界关系的方式，最终在其对客观世界的看法以及意识统一性

① 埃尔温·薛定谔. 薛定谔生命物理学讲义. 赖海强译. 北京：北京联合出版公司，2017：112.

的观点中呈现出来，这种寻求解答意识问题的方法仍然具有积极的意义。

其二，薛定谔关于意识问题的独特的提问方式。例如："何种特殊性质使得大脑活动有别于其他活动，并赋予其描述世界的能力？能否推测出哪些物质运动具有这样的力量，哪些没有呢？或者简单表述为，何种物质的过程会和意识产生直接的联系呢？"①何种物质、过程和意识的产生直接联系在一起的问题是薛定谔思考意识与物质关系并进而构建其意识理论的出发点。哲学家麦金所说的"旷世难解之谜"的意识困难问题，本质上与薛定谔提出的这些问题具有一致性。当然，意识困难问题有不同的表述方式，正如麦金所言，很多研究者实际上并没有把握意识困难问题的实质。总体上，意识（的）困难问题就是意识问题域中最难以解决的问题，它其实内隐着三个子问题：一个子问题称为"感受性"或"感受质"问题，一个称为"主观经验的存在"问题，再就是所谓的"心理的主观内容"问题。困难问题为什么"难"？究竟"难"在哪里？这里主要有两个特殊的原因。一个原因是意识难题产生的特殊性。须知，意识经验或心理感受是以第一人称观察为基础，采用第一人称的报告。而同样的对象在每个个体的心理感受是不一样的，甚至是独一无二的，具有私人性与独特性。一旦条件改变，采用第三人称观察、第三人称报告的话，意识经验、心理感受的私人性与独特性就不复存在，意识的困难问题自然就不会产生。另一个原因是问题的复杂性与普遍性。三个问题中，感受性质问题和心理的主观内容问题从内容上说是主观状态的特殊性问题，但是，凡是以第一人称观察的话，都普遍地会形成主观状态的特殊性问题。而主观经验的存在问题又是现象意识的共性问题。从共性上说，

① 埃尔温·薛定谔. 薛定谔生命物理学讲义. 赖海强译. 北京：北京联合出版公司，2017：112.

与第一人称相关的所谓意识困难问题，关键是体验问题。意识困难问题实质上问的就是像意识这样独特的体验如何能够从物理世界中产生出来的问题。它之所以难解，就在于似乎我们弄清了物理世界的一切奥秘之后，仍然对意识体验无从把握。

在薛定谔看来，即便我们知道了意识的产生与一部分特殊的物质形态（比如大脑）相关，即便现代科学清清楚楚地说明了意识存在、发生于大脑中，如即便物理学、化学、生理学、脑科学揭示了关于大脑的所有奥秘，但我们仍不清楚为什么会是这样。科学揭示的意识发生时的脑电波或神经底物能解释意识吗？能等于意识吗？意识是独立存在的实在吗？为什么大脑会产生意识经验？为什么人会产生统一的意识？等等，所有这些问题可以集中为一个总问题：物质性的人脑产生出非物质的意识是何以可能的？或者说，粗糙的物质是如何酿造出思维的美酒的？薛定谔在提出这些问题时，遇到的是与查默斯、麦金等人同样的困惑。其实，这个问题在不同的人那里有不同的提问方式和描述方式。哲学家查默斯概括为，大脑的物理过程为什么会产生意识？他的解释是，不管用什么方法，只要是以第一人称观察，都会观察到：人的大脑中在发生真实的物理事件、物理过程时，还会发生不同的心理的、有意识的活动、状态与过程，第一人称观察会有独特的感受或形成独特的经验，这就是主观感受性。它是第一人称处在意识状态时感受到、感觉到的东西，是主观经验或觉知，是客观存在的，这是不可否认的事实。

其三，薛定谔关于意识问题的独特解答方式。与众多意识研究的方案相比较，薛定谔对于意识如何在物理世界中产生这一问题不仅给出了自己独特的回答，而且更为重要的是，他在考察以往哲学和科学对此研究的失败教训的基础上，明确提出了研究方法需要进行根本变革的思想。在他看来，以往对此问题的解答，无论是科学还是哲学的解释都不能令人满意，都或者是基于毫无根据的推测，或者是天马行空的臆想，最终因为意识的存在而为世界留下了一块神秘的拼图。究其原因，在于以往人们的研究方法出了问题。在研究意识如何从物质世界中产生出来的问题时，把问题的研究次序搞错了。薛定谔认为，解答这一问题的正确方法不是从意识出发，而应该反其道而行之，从大脑活动和神经过程出发，发掘其与意识的关系。就此而论，当前，无论是现象学还是分析哲学的意识研究，都很少自觉意识到这种研究次序转变的重要性。无疑，薛定谔所提供的意识研究策略，对于当前的意识困难问题的解答具有不可忽视的借鉴意义。

其四，薛定谔对意识问题的新诠释。从大脑而非从意识入手研究意识的产生，薛定谔发现意识的显著特点在于它总是与大脑中新的情况变化联系在一起。从整体来看，并非每一个神经活动都与意识相关，意识的发生有其特定的条件。具体而言，意识发生和物质大脑之间的这种联系可以在几个不同的层次得到说明。首先，在神经生理的层面，在面对不同经验的过程中，对差异的不同反应和分叉点数量会不断增多，但并非所有经验都会保留在意识当中，意识只保留"新近"发生的经验。薛定谔用一个形象的比喻来说明意识的这一特点：意识就像是一名教师，对于学生熟练掌握的课程，他会让学生自己负责，而他自己则只负责学生不熟悉的新课程。尽管这个比喻未必完全准确，但却能够在一定程度上说明意识与新事件、新情况挂钩的事实。质言之，只有新的情况以及由之引发的反应才会保持在意识当中，旧情况和熟悉了的反应不再出现在意识当中。如果我们像当前很多意识科学的研究者那样只是一味追问当一个人处在某种意识状态时，其大脑中究竟发生了什么，可能并不能对于意识困难问题的解答有所帮助，因为与意识发生联系在一起的是一类特殊的大脑神经事件，即与意识关联在一起并促使意识发生的是那些"新的"神经活动过程。按照薛定谔的这一见解，如果在神经科学研究中，不注意对这些"新的"事件专门予以对待，那就难以观察到"意识"。其次，薛定谔对意识这一特征的说明除了神经生物学的证据之外，还有大量的日常经验可作为支撑。比如吃饭、走路、系鞋带、脱衣服等行为，在初次习得时依靠的是有意识的练习，但在熟悉之后，就可以无意识地去做这些事情。我们的任何知识技能，只有在学习和训练之初，才有意识参与，而在此后意识便不再出场。用神经活动层面的话来说就是：人们在学习不熟悉的东西时，大脑中会不断出现新的网络连接，产生新的神经事件，而当这些网络节点和神经事件稳定之后，就会在特定情境下按照固定模式呈现，不再轻易改变，除非遇到新的情况。

薛定谔用许多日常生活事例，如脱衣服、睡觉、呼吸等说明，人们对于自己习以为常的熟练行为是没有意识的，一遇到新情况就与意识的产生相关联。由此，他推断，神经活动的特征也就是生命活动的特征，只要神经活动过程是新的，就会和意识产生关联。从个体生命的发展来看，在生命的最初阶段并没有意识产生，此时胎儿在母亲子宫当中，遇到的环境变化非常之小，没有意识产生的条件。而随着身体器官的发育以及与环境交互的增多，面对新的情况，意识就会产生出来。薛定谔将意识的这一假说概括为："意识与生物体的学习密切相关，而学习成功后就不需要意识了。"①

无疑，薛定谔对意识产生及其与物质大脑关系的说明具有推测的成分，但却是在尽可能少改变现有概念框架的前提下给出的解决方案。一般而言，要解决意识问题只有两种方法，一是修改自然界的概

---

① 埃尔温·薛定谔.薛定谔生命物理学讲义.赖海强译.北京：北京联合出版公司，2017：118.

念，二是修改意识概念。从薛定谔的意识理论来看，这两种方法都在其中有所体现。对自然界概念的修改，主要体现在他对意识与客观世界关系的理解上，而对意识概念的修改，则体现在他对意识现象范围的限定上，即意识只是一种新的经验。通过这些修改，薛定谔形成了他对意识困难问题的独特见解，也奠定了他进一步解答意识相关问题的基础。

## 二、意识演化与道德观的基础

意识是自然界非常奇妙的复杂现象，就意识而展开的科学和哲学研究，通常都围绕两个不同的领域展开。其中一个领域是求真性的或者事实性的，其目的在于弄清意识的来源、本质、基础等。薛定谔把意识作为自然进化范畴和与新的神经活动相关的新经验来研究，就属于这一研究领域。另一个领域是价值性的或者规范性的，其目的在于弄清意识在道德、境界、幸福等方面的功能、价值、作用。薛定谔的意识理论对这两个领域都有所涉及，这表现在他不但关注意识产生的一般生物学基础，而且在其意识理论的基础上特别说明了道德观的基础问题。

薛定谔认为，自古以来人类伦理观念总是以一种命令或者挑战的形式出现，其常见的句法表示方式是"你要"或者"你应如此"，但是，问题在于这些伦理观念总是与人自身的本能和欲望发生矛盾冲突，后者的句法表现往往是"我要"或者"我欲如此"。如果我们按照自己的本能行事，就会违背道德法则，但如果遵循道德法则，则会违背自己的本能。

薛定谔认为，以往哲学家为此种矛盾的化解所做的努力都是不成功的。他在梳理历史上的种种道德哲学后指出，康德的道德哲学是非理性的，以进化论为基础的快乐、幸福和道德的哲学解释也是不成功的，把化解矛盾的希望寄托在人类意识自身的进化上难以说明问题，如达尔文本人将情绪和情感表达在进化中的功能作用归之为对环境的适应性反应是有缺陷的。在他看来，人类作为有意识的生命，必然会和自己的原始欲望做斗争。人的原始欲望是来自祖先的精神遗产，但人类自始至终是处在不断进化发展中的，人的每一天都是进化过程中的一个极小的组成部分。意识每一天的进化与人类本能之间的关系，就类似于斧头和雕像的关系。意识像斧头，不断在作为本能的雕像之上留下自己的痕迹，无数道斧痕汇聚在一起就导致了人类自身的巨大改变。所以，道德观念以意识的形式对人类的改变是名副其实的不断的"自我征服"过程，它虽然缓慢，但它和意识一样都是不断向更高阶段演进的一个过程。就此而言，本能和道德之间的对立并不是绝对不可调和的。

从意识演化的角度说，意识成为本能的整个过程可能是这样的：只有那些仍处于训练阶段的变化才能被意识到，很长时间以后，这些意识会成为人类固定不变的、可遗传的、熟练的、无意识的属性，这时，意识就成为了本能。所以，本能并不是固定不可改变的人类属性，随着意识的不断演化，本能也会改变。这就为人类破解道德与本能的矛盾对立提供了可能，也从一个基本的层次上为道德的基础提供了说明。尽管这种说明不能解答关于道德的全部问题，也不能作为宣扬道德合法性的理由，但是，正因为有道德的存在（有意识的演化），人类才能够朝着一个更高的阶段演进。正如薛定谔所言，"道德是一种令人费解的存在，我认为它是人类从利己主义生物向利他主义生物转变的标志，表明人类开始成为一种社会性动物"[①]。薛定谔从进化的

---

① 埃尔温·薛定谔.薛定谔生命物理学讲义.赖海强译.北京：北京联合出版公司，2017：121.

视角解读意识现象，最终也把道德与本能之冲突的化解希望寄托在意识的不断进化上。这种解释方案有一个预设的前提，那就是人及其意识必须不断处在进化的过程之中，当这种进化因为某种原因而停滞时，道德的基础就不稳固了。可见，薛定谔仍然有必要对意识的进化问题做出更深入的研究。

## 三、演化的停滞与智力进化的危机

按照自然法则，生物的进化是一个自然选择的过程，其本身并不会出现中断或者停滞。而人类社会的法则与自然法则会发生矛盾，并且在适度的范围内能够抵消自然法则发挥的作用。比如，在人类社会中，人的进化不仅受到自然法则的限制，而且越来越受到人类社会法则的影响。后者最主要的影响体现在，社会法则在一定程度上打破了自然选择的进程，以意识的能动方式，把自然选择所淘汰的东西保留下来，其直接的作用就是人本身的进化受到了影响。这不只是一个生物学问题，还涉及对社会、道德、哲学、法律等诸多问题的理解。薛定谔主要是从生物学和社会学角度来分析人类是否会继续进化的问题。

从根本上看，人自身的进化以及意识的进化正处于矛盾的困境中。一方面，意识是进化的产物，又是保证和促使人类社会能够向更好方向进化发展的重要手段，因此，意识的进化不能停滞。这在关于道德的分析中已予以阐明。另一方面，意识的进化又培养了阻碍人类自身进化的力量，这种力量以意识形式呈现出种种文明的法则。所以，人类社会是一个特殊的场，在这个场域中，达尔文的生物进化论与人类社会自身产生的文明的矛盾，会导致人类进化的停滞。

在达尔文进化论的视域中，物种进化的一个关键条件是该物种拥有数量庞大的种群，有了基数庞大的种群，少数改良的情况才有可能发生。在进化中，大量的种群成员因为发展出不同的适应性而被自然淘汰，这是种群为试错所付出的代价。而那些能够在进化中获得改良并存活下来的，只是该物种中数量极少的一部分。在生物进化中，人类无疑是一个文明种群，因其自身的文明法则而使得进化法则的作用无法完全发挥，甚至有可能朝着相反的方向发展。比如，在人类的道德观念中，不愿意看到同类遭受痛苦或死亡，因此发展出各种社会制度、法律和医疗手段等，使弱者和患者也能在社会中存活，这些文明社会的法则取代了自然选择、适者生存的进化法则，这就呈现出两种法则之间的冲突。在自然法则的限度内，没有道德判断、价值判断，弱者被淘汰是自然法则的必然。但是，人之所以为人，并不完全受制于自然法则，人能够通过意识和心灵创造出不同于自然法则的文明法则。事实上，从人类社会诞生起，这两种法则的矛盾就始终存在。这种矛盾向我们传递这样一个信息："作为一个仍是演化中的物种，人类已经处于停滞状态，而且几乎没有进一步演进的可能。"[①] 那么，人类是否真的处于或者已经接近自身演化的终点呢？如果事实果真如此，把人类意识作为一个演化现象进行说明就站不住脚了。

依据生物进化论和社会文明法则的矛盾对立而否定人类自身进化可能性的观点，被薛定谔称为达尔文主义的悲观情绪。对此的一种通俗化的解释是，生物有机体在进化中始终处于一个消极被动的地位。而进化中突变之所以发生，主要原因就是物理学家称作"热力学涨落"的概率性事件。由此，个体一生中的任何活动都不可能对后代造成任何影响。换言之，个体后天获得的属性是无法遗传的。这就意味

---

① 埃尔温·薛定谔. 薛定谔生命物理学讲义. 赖海强译. 北京：北京联合出版公司，2017：126.

着，无论个体在其一生中如何努力，他获得的经验积累和个人能力等都会随着他的死亡而消失，不会遗传给子孙后代。大自然拒绝与个体合作，而只会按照自己的准则发挥作用。能够对进化产生影响的只是那些偶然的、自发的突变，而这些却是个体自身无法把握的，也和个体一生的作为、成绩无关。

那么，人类真的只能够在进化遗传中处于被动的地位而无所作为吗？薛定谔认为，人类不应过于悲观。通过对自然选择与生物进化过程的逻辑分析可以发现一个规律，那就是个体的器官发生偶然变异并导致的有益变异会被积累，会通过自然选择而得到强化。而且，这种性状最终在后代中形成持久的性状特征。所以，个体行为上的变化虽然无法通过基因直接遗传给后代，但并不意味着它们完全不能传递给下一代。如同"经验传授"的行为在遗传中发挥着重要作用一样，个体的知识、智力和能力等努力积累的成果不会因为个体的死亡而归于虚无，物质财富和精神财富所能提供的物质和精神环境，足以使个体的后代在竞争中处于有利地位。此外，动物的一些习性，如鸟儿筑巢的习性、猫狗自我清洁的习性等也来自遗传。所以，在一定的生物学意义上说，个人一生的努力和奋斗，会对整个人类的发展进步有不可或缺的作用。

科学研究表明，行为本身虽然不能直接遗传，但是，它却以一种特殊的方式使个体自身与器官功能和外部环境相适应，进而极大地推动物种的演化进程，这就是人类与植物和其他动物在遗传方面的不同之处。植物和低等动物只能被动依靠缓慢的自然选择不断试错，由此来获得适应行为。在这种试错的过程中，动物和植物要付出很大的代价，即数量庞大的群体要在试错中死亡。但人类不同，人类面对自然选择时，依据其自身高度的智慧能够采取主动行动达到趋利避害的目的。正是这种智慧上的优势，可以使人类弥补繁殖速度缓慢、种群数量少的实际情况。所以，虽然单纯从生物进化的角度来看，无论通过控制生育来限制种群数量，还是通过文明法则让弱者生存都是非常危险的。但是，人类凭借高度发达的智力和不断完善的社会条件，弥补了上述缺陷，使得人类进化能够持续进行。因此，我们决不能认为人类的进化是由自然法则所注定的，命运是不可改变的。人的智力就是人类能够在进化中摆脱上述困境，并免于遭受进化停滞之害的保障。就此而言，人类能不能继续进化，很大程度上取决于人类自己。

可以说，人的意识能够进化，关键并不在意识之外的其他什么东西，而在于智力这样一种意识形式，意识自身有能力解决自身在进化道路上所面临的问题。其实，意识的存在对于人的进化而言是一把双刃剑，它使人类面临着进化停滞的风险，也为意识自身的持续进化提供了可能。基于此，薛定谔忧心忡忡地警告，人类当前正处在和"通向完美的路途"失之交臂的关键而危险的时刻，现实的社会状况使人类智力正面临退化的威胁。

## 第三节　意识与世界的关系

薛定谔的意识理论，除了对意识的产生条件、物质基础、功能作用等方面做出了阐述外，还有一个重要的维度就是对意识与客观世界关系的说明。这不仅有助于理解薛定谔由意识理论折射出来的世界观，而且有助于弄清他对意识本质的看法。从根本上说，薛定谔对意识与世界关系的阐述，是对哲学基本问题的独特的解答，这既是世界如何统一并在何处统一的本体论问题，又是人的思维与外部存在是否能够统一起来以及人能否认识外部存在的认识论问题。薛定谔从科学研究的原则切入，从认识论问题入手，来回答哲学的基本问题。

## 一、自然可知原则与客观性原则

在薛定谔看来，能够作为自然科学方法论基础的是两个相互关联的原则，一是自然可知原则，二是客观性原则。客观性原则又被称作关于真实世界的假说。全部自然科学都基于一个基本的原则性的预设，那就是作为科学研究对象的世界一定是可知的。认识自然界当然离不开认识的主体。从现实性上说，科学研究的过程就是主体的人对作为客体的世界进行认识的过程。否认主体的认知能力及客体的可认知性，科学研究便无从谈起。科学研究的客观性原则实质上就是要求认识主体是一个诚实、中立的旁观者，唯其如此，世界才能称为客观的世界，认识才是客观知识。

但是，主体与客体究竟是什么？这种二分对立是否能够成立？这是薛定谔首先关注的问题。他说："因为即使连客观自然与人类心灵这两个对立的东西究竟是什么意思，也不是完全清楚的。一方面，我无疑构成了自然的一部分，而另一方面，客观自然仅仅作为我心灵的一种现象而为我所知。"① 这里，薛定谔实际上指出了很多哲学家都曾经关注过的一个问题，即客观性问题。这一问题总是在两个方面受到困扰：其一，与意识紧密联系在一起的身体以及意识本身都是客观世界的一部分；其二，他人的身体也是客观世界的一部分。如果主体从客观世界中抽离出来，或者说从世界中排除自身，去扮演一个与世界不相关的旁观者，那么，为了得到这个客观世界，我们实际上付出了高昂的代价。这里所说的主体，被薛定谔看作是感觉或者思维的存

---

① 埃尔温·薛定谔. 自然与希腊人 科学与人文主义. 张卜天译. 北京：商务印书馆，2015：120.

在。而在物理世界，感觉和思维是不属于能量世界的，也无法在能量世界中产生任何作用。从根本上说，薛定谔一方面把主体看作是物理世界的观察者，并在客观世界的形成中发挥实际效用，另一方面又否认主体处于物理世界的秩序之中，将主体归属于心灵。对于把物理上相互作用的两个系统之一称为"主体"，他是怀疑的。他说，"把'主体'一词留给正在观察的心灵也许要更好"①。这体现出薛定谔意识理论的二元论色彩。如此，薛定谔的意识理论也就自然会面临以往所有二元论意识理论共同面临的一个理论难题，那就是意识与物理世界的相互作用问题。只有同类的东西，才能作用于同类的东西。既然主体归属于心灵，和物理世界有不同的法则秩序，那么两者是如何相互发挥作用、施加影响的呢？一种方案是，否认两者之间的联系，如"身心平行论""两面论"等采用的就是这种处理方式。自然主义的立场决定了薛定谔不会以这种方式处理问题。薛定谔特别强调意识在认识世界中所起的作用。他说，无论是客观世界还是被我们认识到的世界，实际上都是拜意识所赐，没有意识本身的作用，就没有世界。所以，"意识用它自身的材料构建了自然哲学家的客观外部世界"②。意识要完成这项艰巨的任务，就必须把自己从客观世界中抽离出来。也就是说，客观外部世界中不包括它的缔造者。通过把自身排除出去来成就客观世界，这就是薛定谔所谓的排除原则。但实际上，这样会导致两个显而易见的矛盾：一是与意识有关的一切感受，如颜色、声音、冷热等都会随着意识的排除而消失，客观世界留下的只是一幅"灰暗、冰冷和寂静的景象"。这是洛克（Locke）所论证的第一性的质和第二性的质直接矛盾关系的再现。二是它非但无助于解决物质与意识

---

① 埃尔温·薛定谔.自然与希腊人 科学与人文主义.张卜天译.北京：商务印书馆，2015：124.

② 埃尔温·薛定谔.薛定谔生命物理学讲义.赖海强译.北京：北京联合出版公司，2017：147.

的矛盾关系，反而使两者之间的矛盾以一种更显著的方式呈现。按照排除原则将意识从客观世界中排除出去，意识就不再是客观世界的构成部分，其结果是意识不能对物质世界发挥影响，物质世界也不能对意识发挥作用。这样，客观性原则实际上是以牺牲物质与意识的相互作用为代价的。这是笛卡儿在近代哲学中发现的身心交互作用难题的再现。薛定谔自认为与荣格的观点一致，都把认知主体抽离客观世界看作是客观性原则所要付出的代价。事实是，当今科学已经陷入"排除原则"的深渊而不自知，各种悖论的产生就是明证。

薛定谔以其独特的方式揭露了科学研究中根深蒂固的二元对立的基本情形：一方面是客观的物理世界，另一方面则是缔造了物理世界但自身却无法在物理世界中容身的意识。在这里，薛定谔触及了当代心灵哲学中的一个重要问题，那就是意识或者心灵在物理世界中的地位问题。物理世界是无心的，由没有生命的原子组成，那么在这样一个世界中，何以能够产生心灵这样的东西呢？人的感觉器官就是意识的器官，人们构建世界图像的材料全部来源于这些意识器官，甚至没有证据表明除了意识提供的材料外还有其他东西参与了世界的构建，但是意识对于它所构建的世界而言却是一个外来者，在这个世界中找不到它的容身之所。如果把意识保留在它所创造的世界的概念当中，我们就不能很好地理解世界，可是一旦把意识从世界中排除出去，世界中就没有意识的容身之处了，这时，如果再想为意识找到容身之所，就会导致荒唐的结局。这种对立的直接表现，就是像人格、意识、自我、心灵这样的东西在人的身体中找不到确定的存在位置，我们只能够在象征的意义上说自己身体里存在这些东西。神经科学和生理学知识都已经证明了这一点。但在薛定谔看来，这种证明不过是进一步按照排除原则将意识不断抽离物理世界，其结果是证明了世界的二元对立。

二元对立在科学研究中还以感性认识与理性认识相对立的形式表现出来。一方面，我们所有的科学知识都来自感官感知，是以感官获得的感知作为基础的；另一方面，我们的科学理论本身并没有包含感官感知的成分，并且也不能为感官感知提供任何相关的解释。比如，任何对神经过程的客观描述都不包含"甜味""黄色"等感官特征。薛定谔从物理学和神经生理学出发，通过对光、声、味等大量感官知觉的解释，揭示了科学研究中一个矛盾的事实：我们的感官无法向我们提供关于被观察对象的客观物理性质的直接经验，但是我们在科学研究中用来建立被观察对象的理论模型的各种信息，最终来自感官感知。薛定谔在此揭示出的这种对立，在当今的心灵哲学研究中并不新鲜，实际上仍然是意识困难问题的一个表现方式，比如就我们的感受的质而言，无论我们对于大脑和身体的物理过程做出多么细致的描述，都无法替代对于感受的描述。这种感受的特性，正是意识困难问题真正的难点所在。

针对自然科学中存在的这种普遍的二元论观点，薛定谔的基本立场是认识论的二元论和本体论的一元论。在认识论的层面，薛定谔认为，人们在日常生活中只能接受主体和客体这种传统区分，并以此作为一个实际的参照，否则，人们的日常生活就会受到影响。但是，离开了日常生活的范围，比如在哲学领域，人们应该放弃主体和客体的这种区分，以新的认识论范畴形成对于主客体区分的超越，比如康德的"物自体"概念。在本体论的层面，薛定谔主张的主体和客体的区分实际上并不存在，并没有一个需要消除的障碍。他认为，主体和客体本质上是一致的。世界只有一个，实际存在的世界和我们意识感知的世界并不是两个世界，心灵的成分和构成世界的成分是一样的，并无本质的区别。

## 二、神秘主义的意识单一性理论

基于对意识作用的分析以及对客观世界假说的否定，薛定谔对意识与世界的关系给予了全新的阐释：世界的基本图像就是意识本身，二者浑然一体。薛定谔对意识的此种说明可以看作是他对排除原则提供的方案，也是其对主客体对立问题的基本解答。

薛定谔的意识理论能解决意识问题吗？答案是否定的。至少，其理论面临的一个难题是：每个个体都有自己的意识，世界上有意识的自我是多，而世界是一。如果世界与意识等同的话，那么多如何能够等同于一？这就是薛定谔所说的算术悖论。其实，这个悖论中还隐含着许多具体的问题：假如把世界看作是个体意识的重叠部分，那么，每一个人意识中的世界是否是一样的？又如，真实世界的样子与我们每个人意识中构造出来的样子是一样的吗？如果有差异，不就回到"两个世界"的老路上去了吗？如果是一样的，我们又如何知道真实的世界就是我们自己的意识构造的世界？

在哲学史上，解决算术悖论的方法有两种。一种是西方式的方法，以莱布尼茨的单子论为代表。薛定谔认为，单子论实际上是一种多重世界理论，每个单子本身都是一个独立的世界，而且单子自身是封闭的，相互之间完全没有交往，也不与单子之外的世界接触。如何解决不同单子世界之间所表现出来的协调一致的问题呢？莱布尼茨提出了预定和谐说。其解释是，上帝在创造每一个单子时，都预先安排了它在时空中的全部运行轨迹。因此，世界上的事物，包括心灵与身体，才会表现出和谐一致。但是薛定谔认为，单子论是愚蠢的，其理论仅仅是缓解了个体意识的多与世界的一之间的数字矛盾而已。另一种是东方式的理论，即多重知觉或者意识的统一理论，这是薛定谔在否定其他解决方案之后，唯一能够选择的解决问题的办法。"它们只是表面上看起来是多重的，而实际则只存在一种意识。这就是《奥义书》中的观点。"[①]

薛定谔承认，东方式的意识统一理论在西方世界不具有吸引力，甚至与西方哲学和科学精神也是格格不入的。作为西方人，薛定谔的立场是审慎而又调和的。一方面，科学以客观性为基础，把意识排除在外的方法切断了认识主体和精神世界的可能性，可以从东方思想中吸取有价值的精神养分，利用其对意识统一性的说明，弥补西方人在此方面由于客观性原则所导致的缺陷；另一方面，毕竟科学已经达到史无前例的逻辑上的精确性，这是西方最宝贵的财富之一，不能丧失，在借鉴东方智慧时又要小心谨慎，仔细分辨、加以利用。

薛定谔还从形而上学的高度为意识的同一性理论进行了辩护，其辩护的基础借助了形而上学的"同一性"观念。薛定谔从内外两个维度对这种同一性进行了论证。从外部论证来看，人的意识整体上表现出同一性，即在每一个单一的时刻，都只有一个意识现象存在。薛定谔注意到，意识研究中的一些经验成果，比如精神病理学中人格分裂的案例和梦中自我感受等，在当今的意识、自我和人格同一性研究中仍然经常被提到。可以肯定的是，对个人而言，意识总是以单数出现的，从来没有同时出现过多个意识。从个人内在的意识构成来看，意识同样是唯一的，不可能是由多个不同的意识复合而成的。意识只能是同一的整体，那种认为意识是不同的子意识领域构成的观点是不可想象的。薛定谔还从大脑病理学和生理学的证据出发论证这种观点，如感觉中枢确实可以划分为几个独立的区域，但是这些独立区域在事实上与意识毫无关联。

将东方的同一学说融入西方科学结构的方法是薛定谔找到的解决

---

① 埃尔温·薛定谔. 薛定谔生命物理学讲义. 赖海强译. 北京：北京联合出版公司，2017:
157.

算术悖论的出路。"意识本质上是一体多相，或者应该说，各种意识的总和就是'一'。"①意识的一个独特的性质就是意识永远都只处在"现在"，对意识而言没有过去和将来，平常所谓的记忆和期望实际上仍然是现在。在时空中的世界也被归结为心灵的反应。他赞同贝克莱（Berkeley）的主张，认为经验无法带给我们任何一点关于世界的真实面貌的线索。由于存在着大量相似的身体，意识或心灵变成"多"似乎是一个有启发性的假说。在薛定谔看来，普通人和西方很多哲学家都是因此而接受这一假说的。而荒谬无解的灵魂问题（如是否有死的问题）、康德式的不可知论的问题等都是由这一假说导致的。要解决这些问题，唯一的选择就是接受意识是单数的。意识是一，虽看似为多但实际上只是由幻导致的。比如，不同的人看同一棵树时，其结果并不是在不同的人那里产生关于树的不同的（多个的）意象，树本身如何并不可知；而是只有一棵树，所谓意象不过是幻。至于幻是什么，如何产生的，薛定谔并没有过多阐述。如此，薛定谔的意识理论走向了神秘主义。一方面，他把整个世界都容纳到意识当中，认为意识就是世界进程中的唯一舞台，是包容一切的容器，离开了意识这个舞台什么都不存在。另一方面，与意识有关的一切有意义的事物都随之被排除在科学的视域之外。问题依然存在。意识和世界中的物质器官大脑究竟是什么关系？尽管大脑是自然界最精巧的器官，但是这种物质器官为什么会产生意识呢？

薛定谔的意识理论内涵丰富，研究视野也很广阔，无论是研究策略方法还是观点内容都颇有独到之处，在围绕意识产生的难以计数的理论中无疑是值得花费力气研究的一种理论。从整体上看，有学者把

---

① 埃尔温·薛定谔.薛定谔生命物理学讲义.赖海强译.北京：北京联合出版公司，2017：164.

薛定谔的意识理论称作是"兼有科学和神秘气息的意识理论"①，不失为一种公允的评价。回顾一个世纪前，即在 20 世纪之初，薛定谔利用东西方哲学资源，并基于当时科学研究的条件，在意识科学尚未发端的情况下对意识进行的探索，对 21 世纪的哲学和科学意识研究都具有启发意义。

其一，意识研究必须重视和利用科学研究的成果，但同时要认识到科学研究不能解决所有的问题。时至今日，围绕意识问题的聚讼仍不断出现。但科学业已证明意识的主观经验性的客观性，它既难以取消，又不同于大脑事件，也不能还原为大脑事件。现代科学在深入认识大脑及心灵方面尽管不断地打破已有的边界与限度，但我们永远无法摆脱第一人称的视角，它永远是我们认识心灵的不可替代的域场。这意味着，"科学"地解释一切心理现象不是"唯科学"地解释一切心理现象。前者是原则问题，后者是方法问题，原则关乎路线、关乎立场，方法关乎策略、关乎技巧，二者既相互联系又有区别。无疑，现代意识研究中的物理主义、自然主义是主流。秉持自然主义的立场研究意识，绝非仅仅以所谓唯科学的方式、方法、语言去解释意识，也绝对不能描述和把握意识的全部的。事实上，对意识的科学研究需要包括自然科学、语言学、逻辑学、哲学等多学科、跨学科的协同研究。"传统上，对意识问题的神秘性，似乎只有两种选择，一是自然主义或广义的物理主义，二是超自然解释或神秘主义。"② 神秘主义意识研究的策略多种多样，但都不外乎诉诸某种超自然的神秘力量，如有神论的二元论以上帝的超能、全能来解释心灵的起源、存在和作用。

现当代的西方心灵哲学领域百花齐放、百家争鸣。物理主义始终

① 高新民．心灵与身体：心灵哲学中的新二元论探微．北京：商务印书馆，2012：166.
② 高新民，王世鹏．西方心灵哲学的困境与中国心灵哲学的建构．福建论坛（人文社会科学版），2014，（1）：72-78.

83

占据着主导地位，但各种非物理主义、超自然主义、神秘主义依然争得一席之地，这一局面一定还会维持相当长的时间。究其原因，既与意识问题本身的复杂性有关，又与各种物理主义的局限性有关。薛定谔在他的意识理论中努力调和哲学与科学，就表明了他对这一问题的一个基本态度，那就是采用神秘主义的立场。在当前，意识科学相比薛定谔时代已经有了很大进步，但是神秘主义的意识理论并未消失，反而有泛滥的趋势。这种趋势在一定程度上说明了意识研究多重走向中的一种迷失境况，即陷入神秘主义秘境之中。在此背景下，薛定谔的意识理论能够给我们的启示首先在于，如何协调好科学与哲学的关系，避免陷入神秘主义的误区。

其二，意识研究要综合利用东西方的智慧，调动一切有价值的、可利用的资源进行跨文化、跨学科的研究才有可能产生突破性进展。薛定谔无疑是推动这方面工作的一个先行者。薛定谔在意识研究中对哲学的重视值得当今的意识科学研究者大力借鉴。事实上，当前很多在传统上属于哲学领域的意识问题都得到了科学研究的重视，科学和哲学在意识研究这一前沿领域内越来越紧密地交织在一起。尽管两者在研究方法等方面存在重要差异，但是相互借鉴研究成果已经是未来的大趋势。西方心灵哲学在当前的发展中正遭遇的困境似乎也说明了对意识的研究不能固执一隅，而要持一种包容开放的心态。比如，就西方心灵哲学目前的研究状况来说，成绩斐然是毋庸置疑的。但是，在心灵哲学最基本问题（如心灵、意识、自我等方面）的认识上并没有取得突破性、实质性的进展。这一局面其实早已被查默斯、麦金、弗拉纳根等人意识到了，为此，他们做了许多新尝试、新探索，如实行"概念革命"、联合"多学科研究"、开展"跨文化研究"，等等。其中，引人注目的一个新动向就是"向东转"。所谓向东转就是包括麦金、弗拉纳根等人在内的许多西方科学家、心灵哲学家把研究视角转向世界东方，期望在东方丰厚的哲学思想资源中寻找关于人类心灵认识的养分。

当前，意识之谜依然未能破解，有关意识的把脉、诊断五花八门。有可知论、乐观主义的，有不可知论、悲观主义的。各种自然主义与二元论走的是乐观主义路线。它们相信科学能够揭示意识之谜，认为科学最新发现的实在对意识现象的说明更有力量，更有解释度，也更基本，如意识的高阶功能、意识的进化、意识的隐结构或原心理、意识的自然设计，等等。取消主义、不可知论则是悲观主义立场。悲观主义囿于人的认识能力，困于科学的限度，认为人如井底之蛙或夏虫不可语冰，尽管承认人可以心灵手巧，但还不能做到像鸟一样在空中飞翔，像鱼一样在水中游动。在面对意识这样复杂的现象时，悲观主义承认当前各种理论资源的不足，并受到指责，比如被批评为是不可知论，但悲观主义者反而是一种负责的做法。当前各种意识研究中的神秘主义方案，无非是薛定谔对《奥义书》等东方理论中神秘主义思想的引入的一个翻版。

其三，自然主义应该是意识研究始终坚持的一个基本原则，对这一原则的坚持既能够使我们免受科学主义的侵蚀，又可以避免各种神秘主义的干扰。意识问题不是一个单一的问题，而是一个复杂的问题域。其中的很多问题都具有复杂的特性和多层次的研究维度。一方面，意识概念本身具有一定的含糊性和歧义性，如果不经过充分的梳理和澄清就很容易在哲学和科学研究中造成误解。所以，哲学自然主义的意识研究的一项重要任务就是对意识概念进行梳理和澄清。另一方面，不同的文化和哲学传统在长期发展中对人类的各种心理现象以及心灵本身都做出了具有各自特性的理解和解释，这些理解和解释从不同的方面推进了人类关于心灵的认识；但是对这些资源并不能全盘接受，因为其中包含很多迷信的、神秘的东西，还需要在自然主义的框架下加以自然化。这就意味着在对东方神秘主义思想的阐释和重构时，应当在坚守自然主义立场的基础上，对那些非自然主义的思想如超自然性质的、神秘主义的和迷信的思想，或摒弃或改造，或转化吸收，融入自然主义框架中。薛定谔对意识的统一性的说明带有泛心论的色彩，将心泛化到了一切生物之上，因为他发现要将意识加以扩展，没有任何理由相信人类的大脑是反映世界的所有思维器官中最高级的①。这启示我们，在脑神经科学、心理学的研究中，既不能脱离其蕴含的深刻的形而上学基础及其背后隐含的 FP 思想，又要明确其学科边界。所以，一方面，意识研究必须整合各种有利资源，特别是注重开发和利用非西方传统的哲学资源；另一方面，要严加甄别，避免把神秘主义的成分带入严肃的意识研究当中。这既有利于哲学摆脱当前的研究困境，为意识科学的研究扫清障碍，又能够丰富科学和哲学意识研究的内容和维度。

---

① 高新民. 心灵与身体：心灵哲学中的新二元论探微. 北京：商务印书馆，2012：172.

# 第三章

## 利贝特"意识半秒延迟实验"的二元论解读

20世纪下半叶,美国加州大学旧金山分校的利贝特运用脑电图技术研究被试,形成一系列研究成果,其中最为著名的研究成果是对人的意识进行测量的"意识半秒延迟实验"以及由此做出的二元论解读。

## 第一节 "意识半秒延迟实验"及其基本方法

利贝特对一个大脑半球暴露的人进行了实验和观察。实验中,他用适当强度的电流刺激被试的大脑皮质,观察发现,被试在约半秒以后才开始有皮质刺激的经验。这一实验常被称作"意识半秒延迟实验"。

利贝特的系列实验致力于解决大脑活动与心智功能的关系问题,而这一总问题又涵盖了很多的子问题,形成了问题域。例如,神经元活动是否会影响主观经验的内容？主观经验是否也会对神经元活动造成影响？又如，大脑如何区分有意识的和无意识的心智事件？这些问题当中，最令人疑惑的也是最引人注目的问题是：神经元的物理性活动如何引起意识性的主观经验这一非物理现象？显然，利贝特的系列实验所针对的实质上是自笛卡儿以来哲学家和科学家共同关注的心身问题。

利贝特意识实验的两个基本原则："一是内省报告作为有意识的主观经验的操作定义；二是不存在描述神经-大脑事件与主观-心智事件的先验方法。"[1]显然，这两个原则避免了先入为主的物理主义倾向。同时，利贝特认为，外在的行为不足以作为内在主观经验的证据。可以看出，这两个原则是为了避免陷入同一论或还原论，但这并不意味着利贝特预设了二元论。虽然利贝特确实倾向于某种二元论，但是以实验为基本证据是其科学研究的基本原则。

利贝特意识实验的初始研究目的是要弄清楚一个问题：大脑必须具备哪些条件才能引起意识经验？但随之而来的新问题又产生了，究竟哪种神经活动对于相应的有意识的感觉是关键性的呢？利贝特认为，直接刺激大脑本身而不是其他身体器官可能有助于找到这个问题的答案。正是在这一思路的指引之下，利贝特发现了意识延迟现象。

利贝特的实验结果公布后，受到了不少的质疑，其中最有代表性的是丹尼尔·丹尼特（Daniel Dennett）的疑问。丹尼特指出，关于某个事件的有意识的觉知会立刻出现，但是，觉知不能够被立即回想或报告出来，除非有充分持续的神经活动来固定关于这个觉知的记忆。换句话说，丹尼特认为所谓的半秒延迟是记忆所用的时间，而根本不

---

① Libet B. Neurophysiology of Consciousness: Selected Papers and New Essays by Benjamin Libet: Prologue. New York: Springer, 1993: xvii.

存在实际上的延迟。利贝特回应说,记忆不是觉知的基础,记忆与觉知都依赖于独立的神经活动,并付诸实验论证。此外,"利贝特还以二次刺激对首次刺激的掩盖作用为论据,指明产生感觉觉知需要神经活动的周期"[①]。

## 第二节 经验、觉知

虽然利贝特通过实验以及理论分析试图证明,即使是对于皮肤的单独脉冲刺激,大脑活动也要持续半秒钟以上才能够产生有意识的感觉经验,但事实上,主观上我们并没有察觉到这半秒钟的延迟。对于这个疑问,利贝特又如何解释呢?利贝特回答的基本策略是区分"主观时间与神经时间"[②]。

在利贝特看来,意识经验不仅存在时间上的主观参照,亦存在空间上的主观参照。其直接证据就是,当刺激人的大脑感觉皮质时,人们并不觉得相应的感觉是在大脑中,而是在其他具体的身体器官部位。既然在时间和空间方面都存在经验的主观参照,利贝特进一步指出,主观参照可以矫正感觉事件的神经扭曲,使人们认为感觉事件没有半秒钟的延迟。

虽然利贝特尝试论证感觉经验存在主观参照,但令人意外的是,他认为主观参照不存在相应的神经机制。显然,如果不存在起到传达作用的神经过程,那么,主观参照就是一种纯粹的心智功能。但利贝特特别强调,他并不是坚持一种笛卡儿式的二元论。因为他没有承认

---

① Libet B. Mind Time: The Temporal Factor in Consciousness. Cambridge: Harvard University Press, 2005: 66.

② Libet B. Mind Time: The Temporal Factor in Consciousness. Cambridge: Harvard University Press, 2005: 74-76.

物理性的大脑和心智现象是彼此独立存在的，他所承认的是，"心智的主观功能是大脑功能的一种突显性质，有意识的心智不能脱离大脑过程而存在"①。利贝特所持的不是笛卡儿式的实体二元论，而是一种属性二元论或功能性质的二元论。面对物理主义一元论的质疑，利贝特没有更多的证据去支持其功能性质二元论。

虽然利贝特否认自己是一个笛卡儿式的二元论者，但他毕竟还是走向了一种二元论。这种二元论不坚持物理世界与意识世界的彼此独立，而是承认有意识的经验依赖于大脑的神经活动。这里就又产生了一个问题：为什么一直强调有意识的经验呢？所谓的"有意识"指的是什么？"无意识"又是什么？利贝特对这些问题也给出了回答。

利贝特非常明确地指出，有意识的经验的首要特征就是"觉知"。但利贝特并没有给"觉知"一个清楚明白的定义。即便如此，我们还是可以通过利贝特的相关阐述来把握"觉知"究竟有什么样的特征。利贝特首先提到的是"自我觉知"。例如，虽然我们都可以看到黄色，但是，我所看到的"黄"色并不就是你所看到的"黄"色。这表明，利贝特认识到每个人对于颜色的经验内容是有差异的，甚至是独特的。此外，利贝特也论及"感受性质"，如关于疼痛、颜色、气味等的经验。但是，利贝特认为，将感受性质的问题与觉知的问题区分开来是没有必要的。在他那里，这两者是一回事。最后，利贝特区分了"有意识的经验"与"有意识的状态"。他指出，"有意识的状态"是"有意识的经验"出现的先决条件，但在梦境中除外。

利贝特指出，很多日常的大脑活动是无意识的。例如，对血压和

---

① Libet B. Mind Time: The Temporal Factor in Consciousness. Cambridge: Harvard University Press, 2005: 86-87.

心率的调节，对呼吸的控制，对免疫系统的控制等。既然存在很多无意识的心理或心智功能，那么，无意识的大脑功能可不可以看作是心智功能呢？利贝特的回答是肯定的，他认为，"'心灵'可以看作是大脑的一种总体性质，包括主观有意识的经验以及无意识的心理功能。而'心智'就是对心灵的功能的描述"①。

## 第三节　时间在线理论与场论

利贝特的"意识半秒延迟实验"揭示：大脑需要半秒钟以产生觉知，无意识功能的产生不足半秒钟。随之而来的一个问题是：在这不足半秒钟的神经活动过程中，大脑在做什么？在回答这个问题时，利贝特提出了时间在线理论，基本内容包括两部分：第一，为产生感觉经验（觉知），大脑活动必须持续半秒钟以上；第二，那些不足半秒钟的大脑活动仍然能够引起无意识的心智活动，通过延长大脑活动时间，可以将无意识的功能转换为有意识的功能。同时，利贝特还补充道："时间在线是无意识功能转变为有意识功能的控制性因素。"②

时间在线理论主张，有意识的功能和无意识的功能可以在相同的大脑区域产生，由相同的神经传达。因为无意识的功能和有意识的功能不在于大脑区域的不同，而在于神经活动时间的长短。对有意识的经验内容的调节被看作是心理学和精神病学的重要问题。利贝特认为，时间在线理论可以为类似的现象提供解释：关于经验内容的无意

---

① Libet B. Mind Time: The Temporal Factor in Consciousness. Cambridge: Harvard University Press, 2005: 99.

② Libet B. Mind Time: The Temporal Factor in Consciousness. Cambridge: Harvard University Press, 2005: 102.

识修正，发生于半秒钟的时间间隔。

客观地讲，利贝特不是决定论者，也不是笛卡儿式的二元论者。在利贝特的二元论中，他承认大脑神经活动是心智现象的必要条件。利贝特本人总结出其二元论思想面临的三个问题：有意识的经验如何产生于大脑神经活动？有意识的经验为何具有统一性特征？自由意志如何产生？

为了解决这三大疑难，利贝特创立了"有意识的心智场论"（以下简称"场论"）。"心智场"由大脑神经活动引起，可以为神经元的物理活动和主观经验的出现提供关联媒介，如此，便可回答为何非物理性的心智现象可以产生于物理性的神经活动。必须注意的是，"心智场"不同于一般的物理场，如不同于电磁场、重力场等，它不可以被外在的物理事件或物理理论描述，但可以通过主观经验进行观测，而且仅仅对于拥有该经验的主体才是通达的。场的第一个特征是主观经验的统一性，第二个特征是存在影响或改变神经功能的因果能力。

利贝特虽然对场论极为推崇，但是他也认识到心智场不是万能的。例如，利贝特承认，心智场并不能够取代复杂的神经关联等大脑物理结构的作用。大脑结构负责认知功能、信息存储、学习等，而心智场只能负责与有意识的主观经验有直接关联的功能。

对于利贝特的场论，有人认为这类似于"机器中的灵魂"：机器就是大脑，而灵魂就是场。但是，利贝特并不同意这种解读。他认为，心智场不能脱离大脑结构而存在，但是灵魂是可以的。显然，利贝特力图回避笛卡儿式的极端二元论，走向了一种相对温和的二元论立场。

# 第四节　自我、觉知与自由意志

在利贝特的理论语境中，"自我"更主要的是指"个体的同一性"。这里的"同一性"指的是主体所感受到的同一性。而自我与觉知相关联，可以归结于这样一个问题：这是谁的觉知？在解答这个问题时，利贝特首先强调，不能将个体同一性看作是大脑或者大脑某个部分的神经结构。因为实验证明，即便大脑的某个部位受到了损伤，觉知以及个体同一性仍然存在。在利贝特看来，自我或者关于自我的觉知的另一个重要特征是单一性。有人基于左右大脑半球分别负责不同功能的立场，去证明所谓单独的自我本质上是两个自我。对于这个问题，利贝特借用斯佩里的理论给予回应。根据斯佩里的观点，在一个大脑半球产生的自我意识以及社会因素会迅速传播到另一个大脑半球。实际上，裂脑人仍然保持了单一的心灵以及个体的同一性。利贝特反对以裂脑人来否定自我觉知的单一性特征，也反对多重人格的病理学论证。利贝特承认大脑的物理结构对于意识的基础作用，而且认为这种作用是必要的。正因如此，他否认计算机有像人脑一样的有意识的自我。

一般认为，引起行为的意愿先于引起行为的大脑活动。但是，在利贝特看来，如果关于行为意向的觉知也会有半秒延迟，那么，意愿行为就可能先于意愿本身。如果利贝特的理论以及实验都是正确的，那么就证明了人类的意愿行为始于无意识的大脑活动。但这里亦产生了一个问题：有意识的意愿对于意愿行为起到了什么作用？利贝特的回答是：有意识的意愿的作用在于选择和控制行为结果。这个结论也暗示了"自由意志（自由意愿）是存在的"①。

---

① Libet B. Mind Time: The Temporal Factor in Consciousness. Cambridge: Harvard University Press, 2005: 123-124.

在"自我"、"觉知"与"自由意志"上，利贝特不是一个笛卡儿式的二元论者，而他对"意识半秒延迟实验"的阐述表明，利贝特也不是一个同一论者。

# 第五节　关于几个问题的初步思考

## 一、科学家与哲学问题

有些科学家的研究做到一定的程度之后，就开始关心哲学问题，这并不令人意外。但是，如果一个科学家一开始就以哲学问题为探索目标，这似乎存疑。如果一个哲学问题能够用科学的方法去解决的话，那么这个问题本身很可能就不仅仅是一个哲学问题。关于科学划界不管有过怎样的思想，如证实主义、证伪主义等，我们不得不承认的现实是，科学家没有脱离实证的手段。一个再完美的理论，如果没有实际的证据，那么也不会被科学共同体所接受。而对于哲学问题来说，哲学家更多的研究方法是思辨与论证。可以说，这与科学家的实证是两种路径。

然而，作为哲学家也不应该感到意外。首先，哲学家与科学家有一个共同的目标，那就是解决问题。从这个目标出发，哲学家并不排斥任何人去解决某个哲学难题，哲学家也更不会因为某个哲学难题的解决而失业。因为一个问题被解决了，新的问题又会诞生。其次，科学家对哲学问题的研究与探讨，往往会推进问题的研究。更为重要的是，科学家的研究和探讨方式会给哲学研究带来新的思维与方法。最后，科学与哲学间未必存在一条明显的界线。我们不能排除科学家能够解决这个问题的可能性。

利贝特作为一个神经科学家，对意识问题展开研究并不是一种突发奇想。首先，意识或心理的问题与神经科学研究是紧密关联的。其次，认知科学、神经科学的进步使得以此为基础的意识或心理研究更加深入。因此，除了利贝特之外，还有一大批神经科学家从脑科学研究进军到了心理或意识领域，其中不少人得出了二元论的结论。

细思不必惊恐。虽然说科学的哲学立场大多是物理或物质主义，但这种预设是不正确的。科学研究并没有先天地与唯物主义或唯心主义捆绑在一起。尽管科学家最重要的手段还是"实证"，但是，实证并不是简单地用理论假设与客观自然去对照，实证是要"人"去求证的。是什么"人"呢？是一堆可以被神经结构支配的肉体吗？这是一个极其复杂的问题，它涉及了"心灵"与"意识"。不难发现，当我们在依赖科学手段去研究"心灵"和"意识"的时候，这里似乎产生了一种循环。

其实，马克思主义哲学中也蕴含着"心灵"与"意识"。众所周知，马克思主义哲学不仅批判了唯心主义哲学，也是对旧唯物主义哲学的超越。"超"在哪呢？概言之，马克思主义哲学看到了人的认识不是机械地反映了自然或客观世界，看到了主体的能动作用。也就是说，在马克思主义哲学的唯物主义立场中，意识或者心灵是有其位置的。

此外，自然科学中的一些概念，如"量子""力"等，从根本上来说，仍然是一种理论的预设，换句话说，没有摆脱"心灵"对它们的影响。所以，从自然科学出发去研究意识问题，从而得出了二元论的结论，并不是什么奇怪的事情。

## 二、主观经验与客观世界

利贝特经过实验论证认为，人们的经验是存在主观参照的，意思是说，我们的主观经验与客观世界并不一致。这就产生了一个认识论问题：客观世界是否真的存在？客观世界又是怎样的？利贝特说，不管我们借助怎样的科学手段或感官，都无法回答世界究竟是怎样的。甚至有些经验并不一定来自外界刺激，如幻觉、梦境。利贝特承认梦境之中有些经验是有意识的，如梦中感觉到了疼痛，看到各种各样的颜色，但他又认为这些经验未必存在外部世界的刺激。若按此逻辑追问下去，最终会回到笛卡儿那里。如此，我们唯一能够确认的存在就是"我"，而且这个"我"不是我们的躯体，而是我们的精神。

当然，这并不是说利贝特主张经验的主观参照是不可取的。利贝特阐释结论时，更多的是依赖日常直观与常识，没有很充分的哲学论证。利贝特在分析论证中，把更多的注意力放到了觉知上，而意识的"意向性"被严重忽视了。须知，但凡是有意识的经验，都是有意向性的，如我们看到了红色，那这个红色是谁赋予我们的呢？一朵花，一面红旗……这里，之所以突出"意向性"这个概念，是因为对象不仅仅是客观世界提供给我们的，同时也是我们的意识所指向的。换句话说，当客观对象把经验提供给主体时，主体也同时将经验赋予了对象，从而反映对象。这里，就不得不关联马克思主义哲学的"实践"范畴。

广义地理解，"实践"是人类认识和改造世界的活动，除了最基本的物质生产实践活动外，还包括言语实践与心智实践。如果将物质生产称为客观实践，那么，客观实践、心智实践就是彼此密不可分的。显然，有意识的经验是心智实践的一个产品，也是心智实践所指向的对象。"实践"范畴对于马克思主义哲学的重要意义之一就在于打破了主、客体的二元对立。如果我们能够把有意识的经验看作是心智实践（利贝特所谓经验的主观参照明显是一种心智实践）的对象，那么，问题也就迎刃而解了。因为客体对象并不在实践之外，没有了实践，客体对象也就无从谈起——正是实践创造了对象。但是要注意，这并不是说，客体对象所构成客观世界之存在取决于主体的实践。应该看到，二者是互相作用的、互相成就的，并且，主体的实践并不是任意发挥的。例如，不是我们想要有红色的经验就有红色的经验，这要看主客体交互的结果，而这个交互的过程（即实践）并不是由主体随意控制的，此即客体对象之客观性的体现。

经验存在主观参照并不是说客观世界被主观能动性给扭曲了，而是客观世界就是这样呈现给主体的。认识到这一点的关键环节就在于认识到心智过程也是一种实践，而不是封闭于精神世界的纯粹精神活动。

## 三、觉知与场

"觉知"在利贝特的意识理论中扮演了一个重要的角色，但实际上，利贝特并没有对这个重要的概念做深入的讨论，他只是不断地在强调，觉知是有意识经验的根本标志。利贝特认为，觉知不能被物理术语描述。

利贝特对觉知的阐释最终定位于心智场。他提醒人们，不要把心智场理解为物理上的场。很明显，物理场从根本上来说属于物质层面，它是物理量的一种分布方式。以物理场来类比心智场，只是为了帮助人们更为形象地理解心智场。那么应该如何理解心智场呢？对于这一问题，似乎出现了困难，幸好，利贝特对于心智场有一种定位，即大脑功能。但这样就没有疑问了吗？

大脑是物质的，那么，大脑的功能究竟是物质的还是精神的呢？这个问题并不那么容易回答。一般来说，如果一个东西本身是物质的，那么，它的功能也应该属于物质范畴。比如，一把斧子的功能是能劈、能砍，这种劈、砍的能力仍然是物质的，因为这些功能取决于斧子本身的物理材质、物理构造。但不能忽视的是，如果不存在工作的对象，这些功能就不能够被展现出来，那该如何给功能定性呢？例如，一本著作所起到的功能可能是改变人的认知状态及精神面貌，而一个宗教的圣物也是对他人的信仰起到教化的作用。这里，著作、圣物一般都是有物理实体的，这样看来，一个东西本身是物质性的，并不能够决定其功能或作用也属于物质范畴。由此，利贝特将觉知看作是大脑的功能，也是说得过去的。接下来的问题是，这样的功能一定要依赖于大脑吗？其中有什么因果关系吗？一种回答是，在相应的大脑活动的作用下，却没有产生相应的有意识的经验——这就是学界所熟知的克里普克等人的模态论证，也是与利贝特的二元论倾向相吻合的。可这样一来，如果在大脑活动与相应的意识感觉之间并没有必然的因果关联，那么，利贝特又有何理由将觉知认作是大脑的功能呢？可见，利贝特陷入了一种悖论境地。

利贝特以场来解释有意识的经验现象，是有误导性的。因为一提到场，自然首先会联想到物理上的场，其存在可能需要时间、空间或其他的物理量。但是，心智场需要这些物理量吗？利贝特应该会说不需要，但是如果没有这些物理量，试问，心智场是如何发挥作用的？意识又是如何影响作为物理实体的大脑的？

要说明的是，利贝特将有意识的经验归于一种大脑的功能是可以接受的。但是，这种功能不应该是飘忽不定、让人难以捉摸的东西，否则就违背了其以科学视角阐释意识现象的初衷。以利贝特的立场，觉知意味着"我"不仅仅有这种经验，而且"我"知道"我"有这种经验。按照这一思路，觉知具有一种反观特征。如果把觉知看作是一种心智实践的话，那么，觉知也应该是实践之上的再实践，因而具有一种高阶特征。

## 四、新二元论

毋庸置疑，利贝特持有二元论立场，但这种二元论与笛卡儿式的二元论是不同的。笛卡儿主张精神与物质的二元分离。在利贝特这里，虽然他不同意将精神或者意识还原为物质，但是，利贝特并不排斥物质，而是承认某些大脑神经结构对于一些有意识的经验现象的产生是必要的（并不充分），或者说，一些意识现象的产生不能脱离大脑神经结构，这种二元论看起来十分奇特，可以归于一种新二元论。

利贝特的新二元论突破了以往唯物主义与唯心主义哲学的对立式争论，试图将二者统一起来（至少在心灵哲学领域）。无独有偶，查默斯提出的一种自然主义二元论亦有此企图。这样一种哲学思路的崛起绝非偶然。首先，自然科学的突飞猛进已使得人们不得不接受物质的"第一性"（即便深究起来，科学和物质主义之间没有什么必然的、因果的关联）。其次，科学并没有占领所有的领域，尤其是精神、心灵等问题的研究。迄今，仍有人将精神、心灵所依赖的大脑称为"黑箱"。因此，在唯心主义路线与唯物主义路线之间做一种折中未必不是一条出路。当然，这种折中路线在马赫（Mach）、罗素（Russell）那里早已起步，而今天看似猛然地崛起，也是因为认知科学、神经科学、计算机科学等相关学科发展的刺激。问题是，这条路线有出路吗？能走多远？如果意识或者精神根本就不可以还原为物理实体，那么，大脑这种物理实体如何产生精神以及意识现象呢？而主张精神或意识对大脑有影响甚至有控制力的观点又如何能够成立呢？关联二者的桥梁是什么？这个桥梁本身究竟是物质的还是精神的呢？

精神现象至今仍然是神秘的，但这不是支持二元论的根本理由。

# 第四章

## 神经科学家陷入二元论的原因探析

毫无疑问，二元论一定有问题，一定在某些方面出了差错，乃至犯了致命性的错误。可问题是二元论究竟犯了哪些错误？神经科学中的二元论又是怎样的？神经科学家走向二元论错误的根源何在？神经科学家走向二元论有何警示意义呢？探寻这些问题并厘清一些神经科学家陷入二元论错误的基本原因无疑是有意义的。

## 第一节　二元论的语言发生学进路

神经科学家在用心理语言对大脑内部过程或状态进行描述或报告时，一定有其对应的、有本体论地位的东西。但问题是，存在的东西与人们所描述、解释的东西是完全等同的吗？显然，存在的东西是一回事，而如何去解释、构建则是另一回事。对于同一的客观存在，基于不同的理解视角，会做出不同的解释。就此而言，神经科学家基于二元论立场对大脑事件及其发生过程所做的心理语言报告没有根本性错误，其根本错误在于其二元论的立场，即在于其所做的二元论的解释、设想和构建上。

从发生学的视角看，二元论对人的心理世界的面貌、人的心身关系的结构与状态等所做的解释与构想不能等同于或还原为客观、真实的人的心理世界图景的认知。因为这种认知掺杂了不少的想象、类比和类推，这样的诠释自然带有假设、猜测甚至各种错误，如"范畴错误"。二元论根据有关人体的认识来类推心的存在、状态和作为，这就是对心进行的人格化的描述。在这种描述、解释框架中，实际上是把人的心设想成为人头脑中的一个"小人"。这样，人的感觉、认知过程就是这个小人在操控。就此意义上说，二元论其实就是一种"小人理论"①。

可靠的史料证明：早期的灵魂观念的产生、流行与理解是与预言的运用相联系的。哲学中的心身问题，包括其起源、错综复杂性等，实际上与预言、解释有着不可分割的联系。预言造成的混乱必须通过对预言的梳理、澄清来化解。现当代西方心灵哲学中语言分析的转向正是依从这一路径。哲学的语言分析专注于心理解释活动中心理语言的研究。很多研究者认识到，语言分析并不是求解心身问题的唯一途径，但至少是其不能缺少的基本条件。因此，要认清神经科学家为何走向二元论，就必须从发生学的角度对心理语言的发生进行考察，从这一特定的角度去弄清楚二元论关于心灵的小人式构想究竟是如何产生的，心理语言的发生及"心"的命名式中为什么会不知不觉地犯了错误。

实际上，二元论对"心"的独特的构想也就是对心理语言意义的独特理解。而这种理解的形成既要遵循一般预言理解的规则，又有自己的特殊性。因此有必要对心理语言的发生学做专门的研究。这里所

---

① "小人理论"是以福多等为代表的心灵的表征理论对人类心智的构想。

谓的"语言发生学"是指专门研究人类语言的起源、生成、演化与形成过程的学科，其中包括口语和文字部分，是发生学运用于语言研究的结晶。对心理语言及心灵进行语言发生学研究，是许多分析哲学家如维特根斯坦（Wittgenstein）、杰恩斯（Jaynes）等一直在做的工作，并卓有成效。"心理语言"往往用"相信""想""心灵""愿望""意识"等类语词来描述和表征心理事件，包括心理活动、心理状态、心理过程、心理属性等特定的心理现象，这些基本上是 FP 的语言。但在心理语言发展史上，它们中的大多数也成了科学心理学所使用的专门术语。

之所以要进行心理语言发生学的研究，根本的原因在于：有关语词的创建、运用，尤其是人们对它们的理解和构想，为二元论的形成和发展做出了看不见摸不着，但又不可磨灭的贡献。后面的考察将表明：我们大多数人，包括哲学家和科学家，心底之所以潜藏着二元论的幽灵，之所以为 FP 笼罩而没有自觉，也与语言的运用有千丝万缕的联系。人们在创造和使用有关语言的过程中，对我们的灵魂观念、我们的心灵本体论的深层基础及其形成发生过程缺乏必要的批判和反思，即使有人做了反思，也并未会引起人们的足够注意。从根本上说，在一般人关于心灵的一系列似乎"毋庸置疑"的常识观点中，有很多是人类在创造和使用语言的过程中不自觉地杜撰出来的。换言之，常识心理语言指称的对象、FP 研究得出的所谓联系与规律实际上仅仅是语言的发生史，不能归之于、更不能等同于客观真实的发生史或自然演化史。一句话：它们是在语言中创造和想象出来的。为什么会这样呢？

历史证明，在语言与思想的相互关系形成的历史过程中，语言是思维的外壳，是人类思想的重要载体，尤其是远古时代的语言是远古时期人类思想的一种重要的文化化石，它隐藏和携带着大量的古老文化信息，给我们留下了宝贵的人类文化基因。由此，我们才得以窥探人类最初的语言样貌，了解语言后续的派生、复合及新造。毫无疑问，远古语言不仅是语言研究的重要史料，也是我们认识、研究与语言密切相关的人类的生活方式、生产方式、认知方式、思维方式、文化思想的活化石。著名科学史家贝尔纳（Bernal）在《历史上的科学》一书中指出，"语言是现今仍然活着的古代遗物"。所以，语言研究应该是考古学、民族学、人类学、文字学等研究中必不可少的基本工作。今天，我们可以从世界各地各个时期的物质文化残存的遗物的研究中，去了解或还原那时的人们生活的基本图景。例如，透过大量的中华秦简、楚简，我们能够解读几千年前中国秦楚时期国计民生的基本情景。

文化语言学的研究也告诉我们：通过对一种民族语言的字词的词源结构的考察，我们可以看到该民族文化的诸多侧面，特别是处于文化结构深层的世界观、价值观和方法论。例如，在对已掌握资料的深入研究中，特别是对古人关于认知对象的用词、命名及词源结构等的某些规则及其演变的分析中，我们发现古人创立新的词语的一个重要准则就是根据已知对象和待命名对象的类似性举行命名式。这种给对象命名的准则不仅为我们理解古人关于对象的命名式及对象所蕴含的意义、价值与思维方式提供了基本的学理依据，更可以窥见古人一定的语言思维规范及某些认知模式与认识规律。

对心理语言、心理观念及其关系，我们也可以做这样的研究，即从心理语言的命名式路径着手，考察、追溯原始心灵观念蕴含的原意及其发展演变规律，尽可能还原古人心理语言诞生时周边环境的实境概况与真实契机，弄清他们创立那些心理符号时要表征、命名的东西究竟是什么。一般而言，语言的产生是基于对象的存在以及对对象获得了一定的认知，其产生的基本程序是实在—思想—语言。当然，也有另外的情形，即当对象本身非常复杂时，按照一般的造字原则造出的语词无法确定其对应的对象，这样的词语实际上是虚构的，但人们却以为它们是存在的，并为它们安立了名字，如"以太""燃素"等就是如此，二元论对心的构想也存在这样的问题。

由此可见，心灵语言发生学研究的一个重要任务就是进行语言的分析与澄清，还原心理语言所表达的"原意"，弄清楚心灵语言究竟有没有要表征的对象。如果有的话，对象的真实地理学和结构论究竟是什么。这样的研究可以分成两条路径：一条是个体发生学路径，即通过考察现实生活中的个体，从逻辑上梳理出这些个体心理语言的发生路径与其背后隐藏的心灵观念的演变历程；第二条是种系发生学路径，即沿着种系进化的链条，通过知识考古、语言溯源，厘清特定种系的心理语言及其心灵观念的演化历程。分析哲学在前一方面做了大量颇具开创性且极有价值的工作。例如，维特根斯坦、赖尔等分析行为主义者通过对心理语言的"语法分析""用法分析"后认为，哲学中争论的心身问题是虚假的问题，潜藏于人们思想中的心灵、意识等观念其实都是语言误用的结果，那些所谓的亘古以来就存在于人们中的"心""意识""精神"之类的东西根本就是子虚乌有。这些看法尽管偏颇，但他们的细致分析确实有值得我们借鉴和重视的方面。

身为语言学家、逻辑哲学家的维特根斯坦对"思维"和"撕碎"两个词进行过细致的分析，由此揭示了 FP 心灵观念产生的个体发生学的机制及其实质，一针见血地指出了二元论产生的语言学根源。维特根斯坦还指出，常识及哲学二元论之所以会产生独立存在的思维、心灵的观念，主要是基于"思维""撕碎"在语法上的类似性。这样，一幅鲜活的心灵图景或心灵观念油然而生："思维"也是一种活动过程。与身体的活动过程不同的是，思维是非物质主体即心灵的活动过程。而人类的其他心理活动图景，包括对心灵的其他看法也同样是基于语言的这种作用而形成的。依维特根斯坦看，传统的哲学二元论，即常识二元论的心灵观念就是基于类比、类推、设想等作用所构想出来的常识心灵图景，而不是客观实在或真实的认识过程的反映。

与维特根斯坦等人的分析不同，杰恩斯对心理语言的分析采取的是种系发生学路线，用杰恩斯自己的话来说，他的研究是关于心理语言的"古生物学研究"，由此得出了许多新奇的结论。在杰恩斯看来，要弄清楚意识的本质，根本不需要到生物的进化史中追踪它的起源，最有效的路径就是研究意识的语言演化史。意识概念在漫长的演化史中堆积了大量的文化尘埃，这就使灵魂被授予了宗教、神学乃至于神秘等各种可能的心理功能。杰恩斯别出心裁的研究结论颠覆了以往的一般认知：意识不是自然演化出来的，而是人类语言的创造。很显然，杰恩斯把心灵、灵魂等心理语词看成是人类在语言运用时所做的某种隐喻和类推，是一种语言创造能力，而不是什么对客观存在的真实反映。所以，不是某些人以为的那样，先有意识、思维，后有语言，而是相反。从生物进化史中探寻意识的起源不仅是徒劳无益的，也是错误的。剩下的出路就是从语言的起源和发生过程中寻求意识的起源与本质。

杰恩斯通过对隐喻语言学的分析，发现了隐喻的一个巨大作用，即创造语言的能力。这种能力至少有两个作用。其中一个作用是自我扩展功能。杰恩斯认为，隐喻在语言的创造中有重要作用。科学理论的形成、科学思想的表达、哲学思想的提炼等大量术语，以至日常生活语言中的许多语词，几乎都是依托已有少量的基本词语用隐喻法扩张形成的。在此过程中，隐喻不仅创造出新的实在，还创造出子虚乌有的实在。

基于对隐喻的结构和作用的分析，杰恩斯大胆提出了一个可谓惊世骇俗的看法：迄今，一切心理语言及其描述、指称的心理事件、过程、状态、属性都是隐喻创造出来的。杰恩斯的上述看法尽管有片面性和极端化的倾向，但对我们认识二元论的起源及实质却是有益的。

例如，从中我们可以引申出这样的启迪：二元论所主张的有独立起源和本体论地位的"心灵"等词即使有其对应之实，不是空穴来风，但二元论对它们的构想一定犯了某种错误。可以说，二元论对心的认识的问题不在于它承认了心的存在，而在于它对心做了错误的构想，即把心人格化了或拟物化了。也就是说，二元论对心的地理学、形态学、结构论、运动论和动力学的图景做了想当然的构想。

研究推测，人类的口头语言的产生是与猿向人的转化相伴随的。恩格斯指出，劳动是猿向人的转化的决定性因素，是人之为人的根本标志，而语言是和人的劳动一同产生的。当一种声音能够固定地指向某一特定对象、属性或关系时，语言的产生便成为可能了。

就语言所表达的具体内容来说，人类语言所指称的对象及表示对象的方式并不是杂乱无章的，而是有一定的形成演化规律。从历史发展来看，当人们给事物对象安名立意时，往往凭生活直观感受与实践经验，依照从小到大、由近致远、依简就繁的原则，其实就是简单原则。从逻辑上看，依据思维认识过程中发生的一般程序，遵循着由此及彼、由表到里、由具体到抽象的原则，本质上就是思维经济原则。以《山海经》为例，其中少有表示心理活动的语词。反映复杂事物及人的心理活动的心理语言，应该是较晚出现的。根据考古学、人类学、文化语言学及民族学等的研究成果，人类心理语言的产生有以下几个条件。

第一个条件是有表达的需要。除了部分词语（如"以太"等）是错误命名的结果而不是真实指称以外，大多数词语都有实意。就此而言，杰恩斯等人关于心理语言是错误的隐喻、类推的产物的观点是没有说服力的。

第二个条件是物理语言。从反映人类活动的语言层次看，心理语言高于物理语言。在人类活动的历史长河中，物理语言产生以后，经过一定的转换、锤炼、改造才产生了心理语言。

第三个条件是人类具备了语言转换的能力和方法。如前所述，早期人类的语言转换方式、语言转化能力及语言转换的基本方法大概有想象、类推、联想及借喻、隐喻等。

在这三个条件的基础上，反映人类活动的心理语言如"灵魂""心灵""意识""精神实体"等逐步产生了。

设想一下，原始社会到了某个时期，碰到了共同性的、非解释不可的人生难题，例如，人为什么会有生有死？这是如何造成的？人为什么会做梦？梦、幻觉中的景观是怎么造成的？梦中那些能上天入地的人又是怎么回事？自古以来，人类对此伤神伤脑。恩格斯的研究表明，古人对自身构造的无知及梦境的影响，形成了关于人的灵肉二重化的观念：人除了他们身体活动的存在外，还有"寓于这个身体之中而在人死亡时就离开身体的灵魂的活动"①。那时的人们基于原始的认识，凭借想象、联想、推理、隐喻去做简单的设想。对于人自身的认识，原始人采用的是拟人化、拟物化的方式进行描绘。他们认为人是有灵魂的，灵魂是人的生命的原则。至于灵魂究竟是什么，谁也说不清。他们认为，梦境中那些能飞檐走壁、上天入地的东西就是灵魂。人有魂则生，无魂则死。有意思的是，各种文字中为它安立的名字，不管其字形结构有多大的不同，都始终没有丢弃原始人为它命名时所缠绕的各种文化信息，尤其是那时的拟人化、拟物化的本体论、结构论、信息论。

由于心理语言的来源有上述特点，对心理语言之所指的构想就必然受到物理语言所刻画的物理图景的影响。原始人构想的心的图景除了没有形体特征之外，其他的则是物理图景的移植。心在心里所从事

---

① 中共中央马克思恩格斯列宁斯大林著作编译局．马克思恩格斯选集·第四卷．北京：人民出版社，2012：230.

的感觉和思维之类的活动，就像一个物体在它的空间中所完成的运动一样，如心将感觉材料加工整理成理性认识的"去粗取精、去伪存真"的工作就像一台搅拌机对沙、石的搅拌一样。其逻辑是：有行为输出，如有言语对思维结论的报告，其后就一定有活动发生了。这一过程必定有一个做出活动的主体，这个主体不可能是眼、耳等物质性器官，因为外界的物质性实在都没有这个作用，所以，它一定是精神性实体。而此实体要做出它的那些行为，就必须有一个空间，这不能是有广延的场所，而一定是"心里"。

总之，只要细心分析，就能在原始人对内部世界的设想中找到外部世界图景的影子。恩格斯在说明原始灵魂观念的内容及特点时，曾引用了人类学家在印第安人中的一项发现："梦中出现的人的形象是暂时离开肉体的灵魂；因而现实的人要对自己出现于他人梦中时针对做梦者而采取的行为负责。"[①] 其实，二元论，特别是实体二元论在构想心灵观念时遵循的仍然是相同的逻辑和原则。例如，笛卡儿对心灵实体的设想就是如此。

二元论看到了诚实地运用心理语言有其有真实本体论地位的所指，这是它优越于取消主义的地方。取消主义人为地否定本体论地位所指的真实，是犯了削足适履的本体论上的沙文主义错误。首先，绝对地否定心理语言有指称、有意义，这不仅有悖直觉，而且也与科学事实不符。生活经验告诉我们，人们在使用心理语词时，绝不是"无病呻吟"，也绝不是无关事实、实在的空谈。尽管有的心理语词所描述的对象有可能是模糊、片面甚至是错误或虚无化的，但可以肯定的是，大多数心理语言都指称了某种事实或状态。实际上，如果不借助常识心理概念，我们的日常交流活动以及社会科学研究一定会举步维艰。

---

① 中共中央马克思恩格斯列宁斯大林著作编译局．马克思恩格斯选集·第四卷．北京：人民出版社，2012：230．

　　不容置疑的是，二元论在揭示心理语言意义的具体过程中，在构想它们所指称的实在的结构图景时，确实有本体论膨胀或扩张的问题，即在心理王国人为地增加了事实上并不存在的存在，尤其是有上述的拟人化、拟物化的错误。我们只要运用语义学的分析方法对二元论赋予心理语言的意义做出考察，就会从这一角度明白它究竟错在哪里。

　　语义分析方法是普通心理学所倡导并擅长运用的一种分析方法。而普通语义学又是由科日布斯基（Korzybski）创立的一个哲学派别，研究的是人如何使用语词以及语词如何影响那些使用它们的"人"的学问。他试图通过所谓语义分析达到摆脱一切哲学矛盾和混乱的目的，主要代表人物还有蔡斯（Chase）等。他们所强调的语义分析的基本精神是，凡能找出所指的词，即凡有实际所指的词都是真实的、有意义的，反之，都要列入语义学上的空话。所谓找出所指，就是看语词在现实世界中是否有对应的客体，如"人"就能找到它的所指，即你、我、他之类的实在。当然，语言常常带有抽象性，从具体、个别的事物到最高的抽象之间有不同的梯级或层次。因此，语词与其所指常常难以一致。科日布斯基等认为，自然界及其万事万物本来是完整的、不可分割的整体，不存在谁决定谁、谁依赖谁、怎样相互作用的问题。而旧的语言结构给事实上分不开的因素提供了分开来把握的名词，致使人们把人区分为心和身两部分。这是自古以来争论的根源。当用连字号把"心灵"和"肉体"两个词连起来时，就能时时提醒人们记住：它们所指的本来是一个东西，这样就不会发生谁决定谁之类的争执。

　　诚然，心身在事实上是统一的、不可分割的，再高明的解剖学家也没有办法把"心灵"这一词所指称的东西分解出来。就此而言，蔡斯等人对"心""身"等心理语言所做的语义分析的确有其合理之处。但是，说人是一个整体并不意味着人身上没有部分与部分、部分与属性之别。事实上，人身上存在着不能还原为部分属性与功能之和的属性和功能，如果用心指称这种属性，那么心身之间还是有关系可探讨的。另外，语义分析尽管有助于澄清语词的混乱，但是并不是解决问题的唯一方法。因此，普通语义学为解决心身之类的问题而提出的方法又有局限性和片面性。

在澄清心理语言之指称时，必须诉诸有关自然科学的方法和成果。可喜的是，现在不仅有这样的必要，而且还具有初步的可能性。埃德尔曼和克里克等著名科学家的实践、实验科学的方法和大量的脑科学成果对于我们查明心理语言的真实所指与意义有一定的作用。在这一点上，克里克倡导的研究方法及其所做的具体工作为我们探寻心理语言语义学的方法论提供了有益的启示与资料。在重构心理语言语义学时，必须借助科学的工具、手段与技术，然后辅之以合乎逻辑的分析与推理。

同物理语言一样，构成心理语言的词有两种类型：主词与谓词。主词是心理语言的主体，也是具体表述特定的活动或事态的主体，其基本职能是述谓性的，如"心""心灵""灵魂"等心理主词所表述的是"精神"性的实体性的语词。应当明确的是，心理语言的主词不是亚里士多德意义上用以表示"第一实体"或个体事物的专名那样的只能做主词不能做谓词的主词。基于唯物主义本体论的立场，既然世界上一切运动、变化的主体都是客观存在的物质，那就没有独立存在的精神实体。因此，规范地讲，任何心理语言的语词只能是述谓性的语言，是不能做主词的。用亚里士多德的标准衡量，除了第一范畴即实体之外的范畴，都是不能做主词的。当用心理语言表述范畴时，其实它所表述的是特定主体的活动状态、过程与演变，而不是这些活动状态、过程与演变的主体。所以，心理语言表述的范畴严格说都是述谓性的范畴。从功能上讲，与物理谓词一样，心理谓词是用来描述、指谓真正的实体或本体的语言。

作为谓词的心理语言有多种，有的表示活动或行为，即动词；有的是表示性质的形容词或名词；有的是表示事件、状态的名词、副词。通常，作动词的"注意""思维"，乃至"意识"或"觉知"等所指的也是一种运动，是大脑内产生的物质运动，正如恩格斯和列宁反复强调的，这个世界上一切运动都是物质的运动，从简单的机械运动到高级的思维运动莫不如此，除此以外，什么都没有。当然，思维运动的形式多种多样，我们通常用"想""思考""愤怒""喜悦"等语词来描述大脑中高级复杂的心理运动。而大脑内发生的这些心理活动究竟是简单的机械运动，还是较为高级的物理运动、化学运动，乃至更复杂的思维运动、社会运动形式呢？这就需要神经科学、物理学、化学、生物学、医学、心理学、哲学等多学科的联合攻关去求解。但科学业已揭示，一切高级运动形式都包含着低级运动形式，大脑心理运动包含着机械运动、物理运动、化学运动、生物运动等形式。因此，在很大程度上，我们可以用还原的方法，把心理活动逐步还原到生物、化学、物理、机械运动的层次进行认识，自然也就能用相应的语言来描述了。

可能有人质疑，既然心理语言与物理语言所描述的都是物质的运动，那为什么要用两种语言呢？用一种语言（如物理语言）岂不是更简单？

这个质疑没有错，但问题是，并不是所有的高级运动都可以还原为低级运动，物理语言的描述自然有其局限性，而心理语言恰好可以克服其缺陷，实现物理语言无法企及的高度。来看一个实例。要描述一个人在运动场上快速运动的状态，可以用多种语言进行描述。按人类认识的学科层次顺序的话，用物理化学术语描述，那就要描述他身上的原子、分子状况，还要说明运动场地面物质结构的变化乃至空气波动情况。用生理学的术语描述，就要讲清楚他身体细胞的活动。仅用物理语言把这个人的运动过程、机制都描述清楚了，那不是太麻烦了！可见，在日常生活中，用心理语言描述我们的生活状态，有些含混、笼统、模糊，但能够把事实说清楚，方便了人与人的沟通与交流。当然，同一状态用不同的语言来描述，是有差别的。如用物理语言与心理语言描述时，各自的侧重点是不同的，意义上可能有差别，这就是还原法不能彻底还原的原因。

人类的心理活动无疑是物质的高阶活动，它不能完全还原为低阶的机械运动、物理化学运动。所以，我们既不能期望用物理语言把大脑的活动全部都描述出来，也不能奢望心理语言可以完全转译为物理语言。也就是说，物理语言心理语言各有其用，不能混淆，不能取代。相较而言，心理语言反映的是物质的高级活动，所描述的往往是特定事件中高层次的结构、要素、状态、变化与过程，是物质活动的高阶反映。虽然说这些状态、变化与过程是基于低级的运动或可还原为低级的运动，但依然是心理语言截取的高层次活动。"意识"一词纵有多种含义，也不能在低层次的物理化学水平上加以解释。

辩证唯物主义认为，一切运动都是物质的运动，物质是运动的主体。那么，心理语词观照的主体自然是物质，心理动词描述的对象自然是物质的运动。既然物理语言心理语言各有其能，自然要规范其用。物理语言自有其局限性，但心理语言也不能够描述物质的一切运动。事实上，心理状态的归属、心理语言的使用不是无的放矢。心理语言更适合描述那些复杂的系统。

此外，心理术语描述的东西及其活动还应该有其独特的种系与个体发生的历史，而这种发生史必定与自然、社会环境有关联。宇宙演化史、自然演化史、生物发展史都表明，一个脱离环境、与外界隔绝的大脑是不可能产生高级的输出过程的，"狼孩"就是一个确证。"狼孩"有同正常人一样的大脑，但其大脑在发育过程中，由于缺乏环境因素的刺激，其大脑内部没有形成正常人那种高级复杂的系统，所以，"狼孩"不是一个真正意义上的人。大鼠的研究至少证明了两点：第一，大脑中神经元之间相互的连接要比神经元的数量更加重要；第二，大脑神经元间的连接贯彻于生命的全过程，而成年期更是高度易变，某些特异化的神经回路连接与特殊的体验相关。

应特别注意的是，表示感受性质即经验的主观特征以及心理内容、含义等的谓词要复杂得多，不能简单地把它们的所指等同或还原为物理的东西，因为它们的所指中除物理的东西外，还有非常复杂的文化、社会信息。例如，我心里想到我口里说出的"好"字，在不同的情况下会有完全不同的意义。这说明，物理的东西之上还是有高层次的东西，内容、含义等就是如此。当然，不能由此得出二元论的结论，如不能把它们当作是完全独立于、超越于物理实在的纯精神性的东西。因为它们是依赖于行为、文化和社会的，而这些东西又有对基本的物理实在的依赖性，自然就不能简单还原为产生它们的要素或要素的总和，它们是一种整体论或突现论性质的东西。

当前，心灵哲学谈得最多的现象学性质及其所依赖的主观性的观点也是这样。许多人认为，这是证伪物理主义最后也是最难驳倒的一个根据。在这些人看来，即使这个世界在其他方面都是物质的、物理的，但人的感受性质或所体验到的主观特征肯定不是物质的、物理的。要澄清感受性质的所指及其本质，前提工作是要弄清其多种多样的用法。因为不同的用法有不同的指称。第一，感受性质可以指人的知觉中被经验或感受到的质，如意识中的红色。这种质与外在刺激、内在感知、大脑的行为都有关系，是一种高阶的性质。只要人们愿意，在此之上还可能出现更高阶的性质。第二，感受性质还可用于描述经验的内容、现象概念、现象信念等。第三，感受性质还可用来表示一种特殊的经验状态。如果是这样，它的指称就更加复杂了。有科学家认为，感受性质是一种像场、四维时空一样的东西。第四，感受性质还可用来表示体验的过程。以上这些用法的所指都不能看作是基本物理实在，而只能理解为在基本物理行为之上出现的高阶现象。它们尽管不能等同于人脑客观的物质过程，但至少包含了它，或依赖于它。感受性质及主观的观点尽管离不开物理的东西，但毕竟不能画等号，因为除此之外，还有别的东西，它们是众多因素相互作用时所产生的突现性现象。

综上所述，正确的心理语言是有其所指和有意义的。因此，在一定意义上说，人是有"心"的，人是有精神的。但仍存在如下问题：既然不能抛弃心理语言，在特定的意义上仍存在着"心"，那么，到底如何理解心理语言和物理语言的关系？二者所指的对象又是什么关系呢？

心理语言所指的尽管与物理语言所指的有某种同一性，但由于它的所指有这样的特殊性，即表示过程、状态、内容、观点、体验等的语词，指的是由基础过程在广泛的社会、文化等复杂因素影响下所实现的高层次的事件、状态、过程与属性，因此，心理语言与物理语言的关系并不是二元论所说的并列关系，也不是其他带有折中性质的理论所说的包含、交叉关系，也不是简单的依赖和被依赖、决定和被决定、随附和被随附的关系，而是某种更为复杂的关系。因为心理语言的所指可以用更多种的方式进行描述、诠释，非心理语言只能描述心理事件得以实现的某一或某些必要条件。例如，直到今天，还无人敢夸口说物理语言能毫无遗漏地表述"我期望"的全部所指。毕竟今天的科学对人脑的认知极其有限，说人脑还是一个"黑箱"也不为过。所以，除对人脑的结构及其内部活动机制能够用物理语言做出具体、准确、清楚的描述外，还需用心理语言进行笼统、抽象的描述，西方众多神经科学家提出的各种意识假说大致如此。当然，这不是说所有的心理语言都要保留。现在能够清楚知道的错误的词语要遗弃，新的语词要被创立，语言要适应现实生活需要，与时俱进。总之，语言家族中的心理语言自有其存在的意义。尽管它对人的心理活动的描述、对人心相交的沟通、对人的行为活动后果的预见与解释是笼统的、抽象的，但在一定条件下起到了无可替代的作用。倘若用别的语言方式，会漏掉本来应有的东西。

与两种语言的关系问题密切相关的问题是第一人称描述与第三人称描述的关系问题。前面的考察告诉我们：强调第一人称描述不同于第三人称描述的特殊性是现当代二元论的一个特点，值得一议。

第一人称描述是每个人对自己的心理生活的描述。据动物学研究的成果，人类、大猩猩能进行自我观察活动，并识别出镜子中的自己。而人不仅可以进行外部的自我观察，而且还可以进行内部的自我观察，并能用心理语言表述心理的活动、过程、状态、事件，以及作为活动结果的知觉、意象、概念、理论。人的自我认识的方法和形式是反省、反思、自我意识。这种自我认识的结果又形成了另一类观念和思想。人对自己的这一系列过程的描述就是通常所说的第一人称描述。这种描述的专用语言是心理语言，物理语言在第一人称报告中无用武之地。必须承认的是，新二元论对第一人称观点及描述的研究的确在人对自身的认识中做出了创新，如看到了过去所忽视或没有看到的本体论事实。因为要进行这种自我认识，的确离不开内格尔等人所强调的观点以及别的前结构。由于有它们的作用，接下来出现的观察过程必定不同于物理的过程和第三人称观察，但由此得出二元论的结论又走得太远了。在第一人称观察过程中发生的活动，都应是大脑或大脑的动态核心所进行的活动，人的自我认识其实是一种高阶物理过程。只要有关于世界的合理的本体论构架，就可以对之做出非二元论的说明。

第三人称描述是人从外面得到的关于他人行为的描述。我们每个人既可作为第一人称描述的主体，也可作为第三人称描述的主体。第三人称描述具有公开、可重复等特点，因此具有客观有效性，但问题是，第三人称描述的范围只局限于他人的行为以及发生在大脑中的、可以在有限条件下向有限的人（如医生）开放的物质过程，而不能进到体验、主观意识和命题态度中，至少迄今是如此。

上述两种描述各有利弊。当代哲学面临的问题是探讨两种描述之间的关系。相关学科成果，如脑解剖学、神经生物学、化学等的研究成果，为我们的探索提供了有价值的资料，而且相关学科进入了前所未有的迅速发展和突破时期。我们可以初步认识到，第一人称描述和第三人称描述所描述的东西不是一个过程的分立的两半。其实，这两种描述是可以部分重合、对应的。根据前面的分析，传统观点所说的那种心身因果过程是一种幻想，不存在先有纯心理的决定后有身体的执行这样的因果过程，也就是说，不存在心理原因或专门负责做选择、做决定的纯心理的自由意志。如果"自由意志""心理决定"等词真有所指，那么，它们指的不是另一神秘世界的纯精神的活动，而只能是真正有本体论地位的东西。


# 第二节　二元论的民间心理学机理

当今，二元论的存在从某种意义上说非常的奇葩：明明许多人知道它是错误的，想去批驳它、抛弃它、克服它，可实际上很少有人能做到；明明是卓有成效的科学家，却陷入二元论的泥坑难以自拔；明明大张旗鼓地打着唯物主义的旗帜，但骨子里留底的是二元论的气色。

　　二元论之所以陷入了明显的逻辑错误而又鲜为人知，根本原因是二元论者像一般常人一样，基本上都有对 FP 的情结。可以说，FP 是二元论得以产生和存在的一个极为特殊的心理学根源。只要他们没有抛弃 FP，一旦要解释和预言行为时，二元论便外显出来。不仅如此，二元论还有很强的渗透和扩展能力，如不知不觉地潜入我们的文化之中，乃至渗透到哲学、科学及神话之中。

　　究竟什么是 FP？它又是如何潜入我们心中的呢？

　　人类社会发展到文明时代，在认识上发生了许多重大的变化，可受思维定式和习惯的影响，原始的灵魂观念经过改头换面、改造包装后潜入、内化、定型于文明社会的思想观念之中，逐渐成了人的文化心理结构以及人关于人、关于世界的常识图景中的天经地义、不言而喻的组成部分，是每个正常人通过生物和文化遗传而天然享有的一种用来解释和预言人行为的 FP 知识，内隐于人的深层结构之中。现代心灵哲学、认知科学以及发展心理学、动物心理学将它称为 FP。它是典型的原始文化的残留物或"活化石"，值得解剖和分析。通过剖析它，我们既可反观原始灵魂观念的"庐山真面目"，也可窥探当代人的文化心理结构以及人关于自身的常识图式，更可从中探寻二元论者坚持这样一种有逻辑问题的理论的心理根源。

　　FP 的概念是对照民间音乐、民间物理学的说法创造的。其中，"民间"应是这一概念最具特别意味的所在，与它直接对应的是"学术界""专门家""职业家"。与 FP 并列的还有所谓的"民间音乐""民间物理学""民间化学"之类的。而 FP 则是专指广泛存在于民间或普通民众中最习以为常的有关心的看法、观点及原则的集合。所以，folk psychology 译为"民间心理学"要比"大众心理学"更为贴切，更加达意。因为所谓的"大众心理学"其实是关于普通大众的心理学，是心理学的一个理论分支。而 FP 意指"常识心理学"。这里不能把它错误地理解为科学心理学的常识化，而是关于普通大众特定的、常识性心理的理论。只要是正常人，即使没有专门的认知科学或心灵哲学的基本修养，也没有听说过 FP，不知道它是什么？是怎样的存在？这都没有关系，他都会有 FP 而且必然使用它。FP 太常见了，人们日常活动中到处有它显现的身影。

FP 是怎样被发现的呢？众所周知，在日用伦常中，任何正常人都要用心、要思考、要说话、要交流，以达成自我理解、自我预见以及人与人之间的交流互鉴，这就必定伴随着心理活动，必须使用心理语言及心理概念。可问题是：为什么人们能相互认同这一事实？这一客观事实是如何可能的？

要知道答案，需要追溯到这一事实背后的内在结构、条件、机制、过程以及所动用的心理资源。无疑，这种探索与研究是在历史的重构中再现历史，因而研究的方式主要是描述性的而非规范性的。如前所述，在常人的日常生活中，我们往往都是依据信念、愿望等命题态度来解释、说明、预言自己或别人的行为。很多时候，大多数人是不自觉地这样做，并没有意识到。比如，当我们看到某个人拉着箱子出门时，我们以此去推测这个人的想法；反之，我们知道了后者也能据此去推测他将做出的行为。这种解释、推理、预言等就是 FP 实践。

关于 FP 的机制问题形成了三种不同的解释理论：第一种是理论论；第二种是模仿论；第三种是混合论。理论论与模仿论的争论涉及许多问题，也极大地推动了人们对 FP 机制的理解。究竟 FP 实践是以理论为基础还是以模仿为基础是一个争而不决的问题。近年来，随着对 FP 实践基础认识的深化，一种新的、融合了关于 FP 不同理论优点的混合理论应运而生。混合论既强调世界的第一阶思想的重要性，又强调一种特定种类的解释观念。

各种形式的新二元论在认识人乃至心灵的过程中的确做出了不可

磨灭的贡献，看到了物理主义没有看到的、一时也没法解释的新的存在形式，如在认识论上，突出了认识和观察人的视角、层次、观点的多样性，尤其是注意到了观察人的内部过程、状态时有主观的观点存在和起作用这一常被忽视的事实。不得不说，二元论的这些贡献在某种意义上弥补了物理主义的遗漏，起到了查漏补缺的作用。而它注重对感受性质的研究、指明意向性具有超越基本物理层次的高阶属性等主张，也确实击中了物理主义的痛点。毋庸讳言，新二元论观点中有合理的成分，有物理主义所欠缺的东西，至少向物理主义提出了尖锐的挑战。

但是，二元论一定是有错误的，一定在某些方面出了差错，尤其是实体二元论。就此而言，现当代物理主义对二元论的猛烈扫荡又有其合理性，例如，赖尔等人所说的"范畴错误"，在特定意义上是二元论的一个错误。新老二元论者以及FP的持有者为什么会犯这样一个错误呢？这里，我们拟在重构二元论的心路历程和一般逻辑考量的基础上，借鉴精神分析学分析恋母情结的方法对二元论的FP情结做一些尝试性探讨。

二元论之所以在人的心底挥之不去，是因为FP所坚守的观念在作怪。在原始思维中，原始人通过隐喻、类比的方式由外及内，由对外在的物理世界的认识臆猜出人的心理世界的认识，由此赋予灵魂的客观真实性。这样，心理的内部世界图景与外部世界图景具有相似性。随着社会的发展及人自身的进化，人类的认知与实践能力逐步提高，要举行克里普克、普特南所谓的"命名式"，即要创造新词、新概念，加进新的内容。可见，原始人为心理事件命名的做法是没有错的，我们现代人也是如此。所以，称心理事件为"灵魂""普纽玛"，还是"心灵"，是无关紧要的。问题是原始人在命名式中，照葫芦画瓢，把对外在物理世界的认识直接移植到对自我世界的认识。在此视域观照下，原始人发现人实际上是由两个部分构成的，一部分是人的肉体及其活动，另一部分是人的灵魂及其活动。这种对人的二重化的解释在说明人的独特性时，比较符合知觉、常识习惯，很自然地内化为人类的心理文化结构、图式，由此广泛深藏于宗教、哲学、政治、文学、心理学等形式中，成为许多理论体系不证自明的本体论承诺和前提。

总之，探讨二元论的 FP 情结至少让我们认识到以下三点。

第一，创立心理语言本身不但没有错，而且是合理的、必然的，错就错在我们错误地确立了它们的意义和指称，以为它们表示的是另一个世界的相状、活动、过程或事件。

第二，肯定内感觉、反省、体验等认识方式所把握到的东西有特殊性，这无可非议，但问题是我们对它们做了错误的设想，以为人除了"肉体的我"之外，还有"心灵的我"（精神的我）。

第三，FP 自有其生成的特殊土壤与合理性，用它来解释人们的心理活动与行为不是一定会错误，也不是非错不可，而是可对可错。但确定错误的是：人们在运用 FP 时，其所持的关于人、关于心的基本结构、基本面貌、基本状态及心理运动过程的基本图景是错误的。所以，FP 的错误不是它那些众多的"相信""信念""希望"等专门的理论术语，也不是它的解释和预言，而是这些内容背后隐藏的基本图景。

## 第三节　当代神经科学家的二元论错误及其成因

二元论的语言发生学和民间心理学的机制表明，凡是人，其心底都会潜藏着二元论的幽灵，神经科学家也不例外，那么，神经科学家犯了哪些二元论错误呢？其根源何在呢？对这些问题的检讨需要哲学的介入和帮助。

　　总体观之，当代西方神经科学中流行的各种理论与假说都不同程度地陷入了种种二元论的困境之中。

　　困境之一是科学问题与哲学问题的模糊不分。伴随着科学的迅猛发展而带来的巨大的世俗功效，以科学理性之光无所不照，科学无所不能，尤其是一些重大问题的解决非科学莫属。对于心灵及其在世界中的地位与作用的认识，也只有转向科学。至于其余的问题，包括那些科学不能回答的问题都归为伪问题。具体到神经科学方面，主要表现在：一些神经科学家分不清哪些是神经科学问题，哪些是哲学问题。不仅如此，他们还指出哲学的许多不足：一是认为哲学与神经科学无涉。神经科学家认为，在意识领域，哲学家应该靠边站。如果说在历史上，灵魂问题、意识问题及心身关系问题是哲学家的专属领地的话，那么现在的情形似乎是反过来了：尽管神经科学家知道他们所思考的有关意识、心灵和精神现象等问题与哲学家的思考有关，但他们认为，哲学家们在这些问题上奋斗了几十年却无所作为，现在是该科学发挥威力的时候了，哲学家可以靠边站了。二是认为哲学方法失灵。哲学家的方法普遍地受到神经科学家的谴责，如著名神经科学家埃德尔曼就认为，哲学的先验方法对心灵本质的研究是无用的。哲学家们从很久以前就尝试用先验的方法解决心灵的神秘特征，但似乎没有任何作用。三是贬损哲学的地位。尽管一些神经科学家也承认他们与哲学家们有着共同的关注兴趣和研究领域，如对被称为"世界之结"的意识问题，物理脑之水是如何酿成意识美酒的？为什么单纯的物理事件会产生意识经验？为什么不管我们对引起主观经验的物理过程描述得如何精确，也还是难以说明我们的主观经验世界？但是，在这些问题的解决上，神经科学家对哲学方法的不满，许多神经科学家对哲学持轻蔑的态度，对哲学家所取得的成就不以为然。直到今天，麦金还认为，心身问题依然是个谜，现在是到了坦率地承认我们不可能解决这个奥秘的时候了，对于物理脑之水如何酿成意识美酒的问题，我们依然一无所知。长期以来，我们一直在试图解决心身问题，但是，我们的一切努力都落空了。总体上讲，在神经科学家的眼中，哲学在意识问题的解决上不是无能就是低能，哲学家即便是参与，也只是意识伟大事业的初级参与者。

困境之二是概念的混淆。不同科学的研究对象、问题域及语言、概念等都有相应的划定范围。换句话说，不是所有的科学都是用一个声音说话。这样，不同声音之间能否对话以及怎样对话，就涉及概念问题和实证问题。严格来说，概念问题是哲学问题，实证问题是科学问题，但科学家们不仅在事实上有错误，而且在概念上有偏差。就神经科学来说，至少包含神经生理学和心理学这两大领域。当神经科学家在运用心灵、记忆、思维、想象、知觉、自我意识等概念时，他的主要意旨是解释使知觉、认知、思维、意志等功能 / 得以可能的神经条件，确证有关神经系统的结构与活动的事实，而这些概念之间的逻辑关系以及对不同概念领域之间的结构关系的描述和考察，则是哲学的任务。在这个方面，神经科学家最明显的错误之一就是将心理属性、心理能力归于脑，如在谢灵顿的心灵观中，心灵、身体（及脑）与人的关系是混乱的。一方面，他似乎认定心灵有一个身体，另一方面又主张身体有一个心灵。事实上，有心灵的是人而不是身体，身体有感觉是因为有脑的思维，心灵既不能脱离脑又不等同于脑。谢灵顿及其弟子将心灵实体化了。又如克里克、坎德尔等人将捆绑问题表述为通过形状、颜色、运动等信息形成被感知物的意识，这也是概念混淆。克里克、埃德尔曼、达马西奥认为知觉就是理解心中的意象，这还是概念混淆。概念混淆实际上就是赖尔所说的"范畴错误"。心灵概念或范畴错误就在于它在表述心理生活的事实时，似乎把它们当成是属于某种逻辑类型或范畴的（或属于某个类型域或范畴域的），其实它们应属于另一种类型。

困境之三是变相的笛卡儿主义。西方哲学史上始终存在着一种共同的哲学倾向，即认为信念和意识所组成的王国，与由事物和事件所组成的世界是截然不同的，并由此认定，我们每一个人都有一个躯体和心灵。这种二元论是藏匿在大多数哲学家、心理学家心底的"机器中的幽灵"。在神经科学中，心理属性归于脑，这是从谢灵顿到艾克尔斯、潘菲尔德、斯佩里等当代大多数神经科学家普遍接受的观念，这就是在人的感知、认知能力与心灵的关系的认识上的二元论，是神经科学中拒斥笛卡儿实体二元论后的一种变相的转换，其实质还是笛卡儿式二元论。

困境之四是"部分论谬误"。所谓部分论，就是关于部分与整体关系的逻辑，而部分论谬误就是将逻辑上只能用于整体的属性归于它的组成部分。神经科学家所犯的部分论谬误是指神经科学家将逻辑上只能用于整个动物的属性归于动物的组成部分。在神经科学中，大量的心理现象与过程属于人的部分活动，而神经科学家往往将其当作人的整体活动。例如，神经科学家们在研究人的视觉意识时，描述完相应的视神经过程、皮质神经元群彼此间的作用与过程、大脑的自扫描与分辨过程后，紧接着又去描述这些区域是怎样相互作用的，大脑和外部环境又是怎样相互作用的，最终阐释这些相互作用又是如何产生了意识，这就是一种部分论谬误。再如，诺贝尔奖获得者克里克在研究意识现象时，一边强调视觉意识是大脑的神经元群的整体行为，一边又研究大脑的神经元群是如何产生意识的，其实质是把没有并列关系从而没有依赖关系的范畴看作是有并列关系的范畴，把部分归于整体。神经科学家将心理属性归于脑，既是概念混淆或范畴错误，也是部分论谬误。

科学家为什么会犯二元论的错误呢？究其原因至少有以下几个

方面。

原因之一是脑科学成果的二元论解读。脑科学的当代发展为我们刻画了一幅全新的大脑图景，极大地推进了人们对大脑的认识。但这毕竟不是对意识本身的认识，更不是对心身关系本身的认识。迄今，科学还不能完全解答物质是如何转化为意识的问题，还必须借助哲学及其他科学。因此，必定会造成不同的脑科学家、哲学家基于不同的理论背景、不同的信念前提和理解视角，对同一科学事实材料进行不同的解释，甚至做出对立的解释，这就形成了脑科学成果的可多样解读性。事实上，科学成果的可多样解读性是人类对科学实事进行理解和诠释时普遍存在的现象，是科学研究的常态。20 世纪初，在量子力学建立后，以玻尔为首包括海森堡、玻恩（M. Born）等著名物理学家为一方的哥本哈根学派和以爱因斯坦为首包括薛定谔、德布罗意（L. V. de Broglie）等显赫人物的另一方展开了激烈争论，双方争论的焦点就在于对微观粒子本质特性的理解与诠释上。

当代西方科学界、哲学界在对脑科学成果的解读和利用时，形成了多样性的解读和多元化的走向。其中，脑科学中的二元论走向是对当代脑科学不断涌现的成果进行的二元论解读。这种解读主要有两种倾向：一种是哲学家们依据脑科学的成果对二元论所做的发展；另一种是脑科学家们依据自己和他人的成果对二元论所做的论证，如诺贝尔奖获得者斯佩里的突现论的相互作用论、艾克尔斯二元论的相互作用论、利贝特的"意识延迟实验"的二元论解读、薛定谔的神秘气息的意识理论，等等。在"自我""意识的统一性""感受性"等问题上，谢灵顿、玻姆、薛定谔、埃德尔曼、克里克、艾克尔斯等科学家也是二元论者。科学成果的可多样解读性表明，科学并非唯物主义独享的沃土。《神经科学的哲学基础》a 一书从科学和哲学的视角对当代认知

---

① 贝内特，哈克.神经科学的哲学基础.张立，等译.杭州：浙江大学出版社，2008.

神经科学领域中流行的各种理论进行了详尽的批判性的考察后认为，尽管认知神经科学取得了举世瞩目的成就，但对其一般性理论的说明却并不尽如人意，几乎都陷入了二元论。面对如此的事实和现象，哲学不应该缺位，理应直面挑战并有所作为。

原因之二是哲学与科学的疏离。在意识问题的研究中，长期存在着哲学与科学的分离与断裂的现象，其表现就是哲学家与科学家各行其是、互相疏离、互不关心甚至互不信任、互相指责。著名科学史家丹皮尔曾指出，哲学家指责科学家眼界窄狭；科学家反唇相讥，说哲学家发疯了。其结果是，科学家开始在某种程度上强调要在自己的工作中扫除一切哲学的影响，其中有些科学家，甚至对整个哲学都加以非难，不但说哲学无用，而且还说哲学是有害的梦幻。研究意识问题单靠哲学是不行的，但排斥哲学的科学也是独立难支的。科学家在对大脑的研究成果进行哲学反思时，基于不同的信念、立场和方法，对于同样的数据、材料会有多样的甚至是相反的解读。因此，对意识问题的研究，如果只是依赖科学，就如同无头苍蝇，是盲目的；但仅仅凭借哲学，那会像跛子，是残缺的。

原因之三是二元论的语言发生学机制。语言发生学说到底就是把心灵语言放在语言学平台上，用分析之刀进行考察和分析。在关乎人的心理的研究上，我们不仅要从人的心理活动中，还要从其使用的语言描述中获得其心理独特性。从语言发生学看，语言是按照实在—思想—语言的顺序产生的。而词源学和词义学的考证也表明：古人造词是根据已知对象和未知对象的类比来命名的。一旦类推的对象并不真实存在但他们以为它存在时，他们就会给它安名立姓，也就产生了如灵魂以太等名字。心理语言看不见、摸不着、无法言传甚至不能意会。在此情形下，常常是不得已而借用各种语言，包括借用物理语言来描述自己的发现、体验与思考。如此一来，似乎人类的所有语言都可用来描述大脑内的活动、状态、过程及结果。例如，既可用物理、化学、生物语言，又可用心理学语言，还可用结构功能、计算机语言，以及用描述整体的人及行为的语言，可谓种类繁多、复杂混乱。

原因之四是二元论的民间心理学情结。民间心理学是所有正常社会化了的人为了理解、预言、解释和控制人的行为所使用的前科学的常识概念框架。这一框架包括的概念有信念、愿望、疼痛、愉快、爱、恨、快乐、害怕、怀疑、记忆、认知、愤怒、同情、意图等。这些体现了我们对人的认知、情感、目的等最基本的理解。本质上，民间心理学是一种"小人理论"。它的一个基本的本体论承诺就是承认独立精神的作用和心灵观念的存在，继而认定信念、愿望、恐惧、爱、恨等是真实确定的实在现象，而人的行为因受信念、愿望和相关命题态度的控制和解释，是一种意向行为。迄今，民间心理学一方面代表着普通人的人学概念图式，蕴涵着对人的心理结构、心理运动学、动力学、原因论的基本看法，其基本的命题态度已被纳入了所有社会的、逻辑的、政治的和其他习俗的结构之中，为我们留下了珍贵的旧观念。另一方面，民间心理学又深藏于哲学、心理学、脑科学等具体科学之中，成为许多科学理论的基本预设和本体论承诺。不客气地说，现今大多数哲学家、心理学家和神经科学家心底回荡的是二元论的幽灵，眼里映照的是"裂隙"的人。

# 第五章

## 当代二元论发展的启示意义

二元论虽然有根本性的错误，但它对唯物主义提出了挑战。二元论的论证以及所使用的材料，理应引起我们的重视与深思。我们必须运用马克思主义哲学，对其有关成果进行批判性地吸收、转化，探讨丰富和发展马克思主义哲学的有效途径。

### 第一节　二元论对唯物主义的质疑与挑战

伴随着科学技术的巨大进步，二元论获得了极大的发展，不仅诞生出许多新颖的样式，更出现大量发人深思的论证。新二元论利用最新的科学成果对传统二元论一直难以说明的心灵如何发挥作用等问题做了更加丰富、具体的说明，对意向性、意识等做了深入、系统的研究，在丰富心灵哲学认识的同时，也对唯物主义形成了巨大的挑战，表现出与唯物主义相对抗、争夺话语权的态势。主要体现在以下几个方面。

## 一、本体论问题

长期以来，意识问题一直是哲学研究的重要问题，成为划分唯物主义、唯心主义、二元论的重要标准。然而，对于意识究竟是什么，并没有形成统一的意见，这导致人们往往根据自己的理解来随意使用，查默斯将这一问题归结为"意识概念模糊"，由此造成了对意识究竟是什么、意识现象有哪些等这些基本问题的解释变得难上加难。

研究意识的脑科学已经成为当今科学研究的重要内容，但目前科学的发展还不足以解答意识究竟是如何产生的。既然人类的意识问题如此复杂，而现当代的二元论根据最新科学成果对意识、意向性等难题做出了独到的回答，那么，在这种情况下，二元论的发展就成为必然。

过去，唯物主义对二元论的斥责主要是提出：世界上确定存在的事物都是有形体、有广延的，心灵没有形体、没有广延，因而是没有存在地位的。在物理主义视域中，无论是给予心灵的本体论地位或是承认其独立的存在，是自由主义对本体论的侵犯，是对如无必要勿增实体基本原则的背叛。这在相当长时期内，也成为二元论难以回答的问题。然而，量子力学的出现，无疑给二元论提供了有力的本体论论证。新二元论运用量子力学的最新成果指出：无广延、非粒子性的场等是存在的，有存在地位。也就是说，存在的东西不一定非要有广延、形体；没有广延、形体的东西也是可以存在的。因此，二元论所主张的无形体的心灵也可能是存在的。

这种本体论论证并不能完全证明二元论就是正确的，因为无广延、形体的事物不一定就是存在的，但它能说明传统唯物主义在二元论本体论的批判上是有错误的。所以，二元论是错误的结论并不可靠，缺乏足够的逻辑力量。

　　还有一些持二元论立场的人不再承认心灵的实体性及独立地位，开始认可唯物主义提出的心灵、意识依赖于大脑、物质的看法，但却提出更为独特的观点，对二元论做出新的界定。他们认为心灵、意识是不同于物理实在的存在。不把心灵、意识等同于或还原为物质实在的理论，都可看作是二元论。这种概念、理论界限的变化，无疑使得哲学研究面临新的困境：唯物主义与二元论究竟如何区分？哲学基本问题该如何理解？这些都是摆在唯物主义者面前的重要课题。

## 二、感受性质问题

　　20 世纪前期，唯物主义在哲学中占据主流地位，认为世界上的一切都是物理的，利用还原论的方式将二元论提出的思维、意向性等都纳入物理世界的图景之中，二元论面临被完全放弃的局面。然而，感受性质的发现，推动了二元论以新的形式登上哲学的舞台。它被认为不能同一于、还原为物理实在，具有独立的存在地位，成为二元论复苏的重要契机。

　　所谓感受性质，就是主体在一定心理状态中所感受到或感觉到的非物理、非化学、非大脑神经生理过程属性的经验。从主体的视角看，感受性质就是主体的一种主观感觉经验。反过来，从感受对象来看，感受性质是主体所感受的对象显现给主体的样子或样式，即某某物看起来、闻起来、听起来、尝起来、感觉起来所呈现的样子。比如说，这棵树的叶子是绿色的，这里绿色的"绿"所描述的、所形容的主观经验就是感受性质，它被誉为"意识之结"。"结"既是症结，又是关节。"意识之结"是意识的难问题，是意识本质的关键点，是心身问题的堵点，这是许多哲学家纷纷坦诚的。但遗憾的是，至今，心理现象的感受性依然是一个未解的"斯芬克斯之谜"，以致著名哲学家查默斯不得不一再强调，感受性质是根本不同于以往任何意识问题的"意识问题"。

感受性质被认为是意识的谜中之谜，成为破解意识难题的重要内容，但唯物主义者却一直很难给予说明。查默斯将意识问题划分为容易问题和困难问题，认为认知科学、神经科学等现在所能回答的都只是容易问题，意识真正的困难问题是感受性质问题。新二元论兴起很大程度上源于感受性质的发现，许多重要论证都是为了证明感受性质的存在。可以说，感受性质构成了对唯物主义的一个巨大挑战，它使科学主义一元论陷入前所未有的困境。不少二元论者以此对唯物主义发起了猛烈的进攻。

哲学史上对于感受性质的论证非常多。英国哲学家洛克较早以盲人为例探讨过对颜色的主观感受。洛克分析道，任何事物都包含着第一性质和第二性质的属性。第一性质与物体不能分离，是物体的原始性质，如形象、数目等。而第二性质则是依赖于第一性质，作用于人的感官产生各种感觉的能力，如色、香、味等，物体本身并不具备。它只是第一性质作用于人的感官时产生的主观反映，只存在于观察者的感官之中。

随着自然科学、哲学的飞速发展，感受性质日益成为争论的重大问题，也形成了各种不同的意见。丹尼特认为，感受性质只不过是哲学家的一个辞藻而已，根本不指称任何的属性或特征，只会产生混乱，因而采取了强硬的取消主义立场。克里克虽然承认感受性质的存在，但认为感受性质可能是科学无法解释的。金在权则说，即使我们承认意识问题的科学有解性，并且科学帮助我们搞清楚了意识的中枢机制，但意识的难问题还是无法说清楚。

感受性质成为阻碍意识研究的重要方面，而过去的解答往往存在种种缺陷与不足。神秘主义认为物理语言与心理语言之间存在难以解释的鸿沟，因而意识的困难问题是科学难以解开的死结；功能主义将感受性质归结为一种功能属性，陷入了属性二元论的境地；表征论者注重意识困难问题的表征研究，却没有深入意识本身；取消论者试图取消感受性质，却也无法真正避开；各种形式的物理主义者尽管试图对意识的困难问题做出回答，但不能令人信服。

为了证明感受性质确实存在，不少二元论者进行了各种各样的论证，如杰克逊的"知识论证"、内格尔的"蝙蝠论证"等。一系列的论证都向唯物主义提出了质疑。他们指出，唯物主义认为世界统一于物质，却对物质世界中的一个重要现象——感受性或感受性质缺乏说明。他们论证说，既然唯物主义认为，意识是统一的物质世界在漫长的演化过程中产生的，物质决定意识，但意识的感受性是不同于物理世界的状态、功能或属性，也不能还原为物理世界的状态、功能或属性。那感受性到底是什么呢？唯物主义不能做出进一步的回答，它只是笼统地将感受性质归属于意识，而意识归属于人脑。由此，杰克逊、内格尔等人就认定，唯物主义的世界物质统一性的说明遗漏了感受性——"意识之结"或"意识难问题"这一重要部分，造成了物理世界与经验世界间的巨大鸿沟。

可以说，感受性质的出现有力地证明了心理现象的存在，确实对唯物主义提出了巨大的挑战，但感受性质本身是否真的存在，却有待商榷。目前除了神经科学中盲视的实验外，并没有充足的证据证明这一点，而已有的论证也大多诉诸的是思想实验。但无论如何，不可否认的是，感受性质的提出在很大程度上表明了唯物主义原有论证的疏漏。同时，我们更要反思：如何直面问题，如何对感受性质做出解答，如何回应新二元论的挑战，这是唯物主义亟待解决的问题，也是与时俱进促进唯物主义发展的需要。

## 三、唯物主义的疏漏

随着科学技术的发展，新二元论积极利用最新成果，试图从各个方面揭露唯物主义及其认识上的疏漏。

新二元论者认为，在当代哲学中，"唯物主义主要是一种基于物理科学的形而上学的设想。其主要特征是认为世界是一个因果封闭的物理的系统，唯物主义的优点在于它与我们当前的科学范式相融洽，并且具有一般理论所应该具备的简洁性与完整性"[①]。但不少二元论者提出，唯物主义并不是一个完整自洽的理论，存在着诸多问题。以哲学基本问题为例，他们认为唯物主义对于什么是物质，并没有给出内在实质性的回答，而只是从外在关系的角度予以解释，存在着解释上的缺陷。在意识问题上，对于感受性质、表征与意向性等方面，唯物主义也存在着难以克服的困难。而在解释心理现象上，唯物主义诉诸的科学材料并不能完全充分地解释所有的心理现象。还有如自我、自由、个人自主性、现象性质等许多问题无法解释，必须诉诸非物理的因素。实体二元论、副现象论、泛心论等二元论都对唯物主义提出了挑战。

尽管在当代西方哲学中，大多数的二元论属于属性二元论，实体二元论由于自身的一些困难，已经不对唯物主义构成太大的威胁，况且，公开力挺实体二元论的毕竟是少数，其中，就有著名的埃克尔斯、波普尔（Popper）等科学家、哲学家。他们以其自身卓有成效的科学成果为基础，对最新的科技成果做出二元论的解读和诠释，为实体二元论作辩护，是当代实体二元论的最有力量的坚守者、辩护者。

副现象论则是由一批对科学有着坚定信仰的人所创立的，他们试图调和唯物主义，但却陷入了二元论的境地。副现象论承认精神或心

---

[①] 吴胜锋. 当代西方心灵哲学中的二元论研究. 北京：中国社会科学出版社，2013：6.

灵的存在，认为心理事件是由大脑中的物理事件引起的，但对物理事件却没有任何因果效力。虽然其理论构架被许多哲学家非议，但在当今心灵哲学的研究中，其随附论、因果关系问题依然具有重要价值。

随着自然科学的发展，泛心论为大多数人所遗弃。但感受性质等困难问题始终如拦路虎，使得现有的理论无法前行。其中有一些哲学家尝试着立足于量子力学、信息论等 20 世纪最新的科学成果基础，用新的哲学范式求解意识难题，最后走向了对泛心论的某种复归。内格尔认为宇宙中的基本物理成分，不管是否有生命，都有心理属性。麦金甚至说，泛心论是求解意识之谜的上乘之选。可以说，泛心论开拓了我们观察宇宙世界与人类生活的新视野，确立了解答意识问题的新选择、新方式。但我们应当明确的是，尽管现在还有很多不能解释的现象，但并不表明以后不能给予科学的说明，也并不表明泛心论就是对的，而需要对之进行批判，不断完善唯物主义。

在当代哲学中，唯物主义常常与物理主义、自然主义替代使用，将自然主义对科学、对事实的证明看作是对唯物主义的论证。但新二元论兴起后，也利用自然主义为自身辩护，出现了许多二元论的新形式。最为突出的就是自然主义的二元论，其代表人物查默斯主张，在物质存在之外，还有意识经验的存在，它不具有任何神秘性和超验性，能够利用科学做出说明。自然主义二元论同科学相联系，将心理的属性也带入自然的图景之中，并不与物理学等相矛盾，反而支持物理学的理论。可以说，在唯物主义与二元论对立的状况下，自然主义二元论试图调和二者之间的矛盾，走中间道路。但无疑从内容上看，它还是倒向了二元论，认为存在着唯物主义所不能解释、不可还原的现象，并对自然主义做了不同于唯物主义的理解。

虽然随着科学的发展，唯物主义对于许多问题有了进一步的认识，但依旧无法给予详细的说明。反之，二元论在唯物主义发展的同时，积极利用最新成果，如从量子力学、脑科学、人工智能、信息论等学科中，获得了有力的支持，形成了对唯物主义的质疑与挑战。米尔斯（Mills）对此总结道，唯物主义面临来自二元论的五个主要的威胁，包括：意识的本体论地位问题；因果关系过于简单与易错的情况；自由意志的丧失；自我的消解；关于社会价值活动的有问题的判断。

然而，尽管唯物主义面临如此多的质疑，但就此证明它是错误的，却失之偏颇。当代唯物主义的几种主要形态，包括还原论、同一论、功能主义几乎都做出了回应。

同一论者迈克尔·泰伊（Michael Tye）分别考察了知识论证和模态论证，认为它们并没有驳倒同一论，感受性质与神经属性仍然是可以等同起来的。而取消主义干脆取而消之，一概否认感受性的存在地位及其研究意义。在他们看来，感受性质是"无"：一方面，感受性质是不存在的，没有存在地位；另一方面，所谓的感受性及其研究只是用以说明人们的行为所构建出来的，是一种投射而已，其本身毫无意义。维特根斯坦、丹尼特等都是取消主义的重要代表。丹尼特主张，对感受性质的假说只是源于一种工具主义的立场，要摆脱感受性质研究的困境，根本出路就是要排除、取消感受性质。而感受性质所明确批驳的功能主义也通过理论的调整和重构，对感受性质做出了反驳。它认为心理状态就其本身来说并不是任何的一种物理实在，不能等同于某种物理实在，也就不能还原为物理实在。但我们不能因此而否定其客观性，因为心理状态的物质基础是由一定的物理的、物质的元素构成的具有特定的功能属性的状态，并可以作为原因对有关生理和行为发挥作用。大卫·刘易斯（David Lewis）提出，感受性质只是一种幻觉，它并不表明非物理实在的存在，而只是物理信息的一种表现形式而已。普特南认为，感受性质与大脑的功能属性是同一的，是大脑的析取性质。

总的来看，新二元论的出现提出唯物主义并非无懈可击，还存在着一定的疏漏，是推动唯物主义发展的新契机。就这点来说，它是值得肯定的。基于主观特性的一系列假说，新二元论在对唯物主义提出挑战的同时，也激发了哲学研究新的生长点，拓展了新视野。它将心理问题的研究扩展到感受性质，涉及心灵哲学的本体论、认识论等众多领域，成为揭示人类心灵不可忽视的重要问题。而在此过程中对心理世界有无非物理特质的争论，无疑将传统的意识问题具体化，成为传统哲学斗争在现当代的继续，也促使唯物主义在与感受性质的斗争中，不断吸取新的内容、展开新的研究来发展自身。

但同时，我们也应看到，任何理论都具有社会历史性，在特定条件下不可避免地存在缺陷和不完善。新二元论本身也存在很多问题。事实上，唯物主义已经在揭示感受性质方面做出了重要成就，包括对某些感受性质做出符合功能主义原则的功能定义等，深化了对感受性质、心灵的认识。

值得我们注意的是，随着西方哲学尤其是心灵哲学的发展，当代唯物主义也陷入了一些困境，例如，如何深入翔实地揭示心理现象独有的功能属性？一般地，唯物主义将心理定义为功能或属性，但功能或属性究竟是什么？如果指称的是物理属性或功能，即将心理等同于物理，则陷入了还原论。假如将心理看成是非物理的属性，又会掉进属性二元论的领地。如果认为心理既不能还原为物理属性，又不是与物理属性不同的非物理属性，而是没有真实的所指，就会落入取消论的怀抱。这是当今西方哲学中的唯物主义的三种最基本的理论走向。同时，当代心灵哲学的发展又提出了唯物主义以前并未涉及的领域，如思维与语言的关系问题、内省与自我意识问题、他心知问题等，这些都对唯物主义提出了挑战，而要做出新的突破和超越，则有赖于唯物主义者的不懈努力与探索。

# 第二节　马克思主义意识论及其面临的挑战

意识是哲学的重要问题，也是应对二元论挑战不得不解答的问题。尽管当代唯物主义对感受性质、意识的困难问题等做出了回答，但由于缺乏马克思主义的唯物主义视角，还是无法完全驳倒二元论。20世纪初期，机械唯物主义的发展、行为主义的盛行等，没有给意识留下位置，赖尔甚至称其为"机器中的幽灵"，以致在意识问题上，不少哲学家与科学家都避而不谈，缺乏对意识的深入研究和解答，从而在面对二元论挑战时往往显得措手不及。

事实上，马克思主义作为科学的理论体系对于意识问题已经做出了深刻的回答，从根本上解决了唯物主义与二元论对意识问题的争论。"然而，长期以来，由于解释上的欠缺，这一特点及其在意识论中的具体表现并未得到应有的揭示，其中所蕴藏的具有前瞻性的思想成果并未得到应有的开发，所拥有的、可推进认识向更高层次迈进的能量并未得到必要的释放。"①当前，如何深入解读和阐释马克思主义意识论的科学内涵，无论是应对包括二元论在内的各种非马克思主义的挑战，还是推进马克思主义的发展，都具有极重要的意义。

## 一、马克思主义意识论的重要性

在马克思主义理论体系中，马克思主义哲学无疑对整个马克思主义的世界观、方法论起着基础性、指导性的奠基意义。而马克思主义意识论又是其哲学的重要组成部分，具有多重意义与价值。

首先，马克思主义意识论的哲学本体论意义。众所周知，任何哲

---

① 高新民，殷筱．马克思主义意识论阐释的几个问题．哲学研究，2006，（11）：16-22.

学理论都有着某种本体论的承诺从而表现出其基本的思想立场与路线，而最能表明这一立场的是对哲学基本问题的回答。在哲学史上，恩格斯首次明确指出，思维和存在的关系问题是哲学的基本问题。正是对意识的不同看法，才形成了不同的哲学派别，决定了哲学家归属的阵营①。由此，就不难理解为什么哲学基本问题是任何哲学都无法回避的根本问题，是划分哲学路线、哲学党性的根本标准了。在马克思主义哲学体系中，意识的研究贯穿其始终，而对哲学基本问题的回答则最集中地比较系统地表明了自己的唯物主义世界观及其基本立场。

其次，马克思主义意识论的认识论意义。马克思主义是唯物主义，这是毋庸置疑的。但马克思主义不是一种随便的或任意的唯物主义，而仅仅是辩证唯物主义和历史唯物主义，从而区别于以前的一切旧唯物主义。如何区别开来？其根本原因在于实践性。从根本上说，一切旧唯物主义在对对象的认识活动时，是以感性的直观形式反映。这样，认识的主体——人是机械的而不是现实的，人的活动只是机械运动而不是人的实践活动。马克思主义意识理论十分重视实践的重要性，它既强调实践的首要的基础作用，又突出意识对于人、对于实践的能动反作用，建立起了辩证唯物主义及其认识论。

再次，马克思主义意识论的历史观意义。历史观是人们关于社会历史的起源、本质、根本动因等问题的根本观点与看法。历史的发源地在哪里？人类社会有无规律？社会历史的主体是谁？人民群众和杰出人物在历史上的作用如何？等等，这些社会历史之谜是事关社会历史观的基本问题。

在人类思想史上，唯心史观长期占统治地位。唯心史观认为，社会意识决定社会存在，社会历史要么是人的意志与意识活动的产物，

---

① 中共中央马克思恩格斯列宁斯大林著作编译局. 马克思恩格斯选集·第四卷. 北京：人民出版社，2012：229-231.

尤其是少数英雄人物意志作用的结果，要么是神灵的意志、"绝对精神"、绝对理性的产物。在历史观的基本问题上，马克思主义意识论既强调社会存在决定社会意识，又看到社会意识对社会存在具有的反作用，在人类思想史上正确解决了社会历史观的基本问题，创立了唯物史观，建立了历史唯物主义。

最后，马克思主义意识论的人学意义。人何以为人？人的本质是什么？这是任何人学理论都不能回避的问题。马克思主义认为，人之所以成为人而与动物相区别从根本上说是实践活动的结果。其意识论指明，"有意识的生命活动把人同动物的生命活动直接区别开来。正是由于这一点，人才是类存在物"①。从现实性上，人是一切社会关系的总和。人的本质的实现、人的自由的全面发展，都必须以此为基础。

可以说，马克思主义意识论是马克思主义理论体系的重要基石，是关系到对辩证唯物主义、能动的反映论、历史唯物主义、人的"类"特性及人类解放等一系列理论的理解与把握，具有极为重要的意义与价值。

## 二、马克思主义意识论的基本内容

马克思主义意识论是一个思想十分丰富的理论，其基本内容包括以下几方面。

### 1. 意识的本体论基础问题

尽管马克思主义经典作家没有明确提出本体论的概念，但通过对马克思主义意识论的整体把握可以看出，其本体论的承诺既鲜明又坚定，并高度集中、浓缩于哲学基本问题的解答中。

在物质与意识（或身与心）二者到底谁决定谁，即谁是根本的、

---

① 中共中央马克思恩格斯列宁斯大林著作编译局. 马克思恩格斯选集·第一卷. 北京：人民出版社，2012：56.

谁是附属的这一哲学基本问题上，马克思主义旗帜鲜明地指出，物质决定意识，物质是第一性的，意识是从属的，意识是第二性的。思维、意识不管看起来多么地远离物质、多么地超越物质，但它终究是物质的、肉体的器官即人脑的产物。这种坚定彻底的唯物主义一元论的立场，区别于一切的唯心主义与二元论、多元论。物质不是精神的产物，而精神本身只是物质的最高产物①。"意识一开始就是社会的产物，而且只要人们存在着，它就仍然是这种产物。"② 这些基本阐述了马克思主义在物质与意识这个事关哲学基本问题的重大问题上的根本观点不仅是一元论的，而且是坚定彻底的唯物主义的，这一根本观点、立场既干脆、坚决，又毫不含糊地做出了本体论的承诺。细致分解的话，主要表现在以下几个方面。

（1）对意识概念做了科学界定。就意识的基本含义、具体所指与界限范围的基本界定来说，马克思主义是将意识界定为与物质相对应的哲学范畴，同物质概念一样，是对现实中各种具体形态的抽象概括，并不是等同于某种实在。

（2）对意识的起源做了科学史的考证，揭示了物质对意识的根源性。马克思、恩格斯十分明确指出，意识问题是科学问题，意识的研究必须立足于科学基础之上。正是秉持这种理念，他们密切关注当时（19世纪）科学发展的前沿，对意识开展了实证科学研究。在大量科学材料基础上，他们详细研究了意识产生的自然史与社会史的全部历史过程，揭示了在劳动及语言的共同作用下，猿脑向人脑进化中，感觉器官的逐步发展，形成意识，最终得出意识是自然界长期发展的产物，意识是人脑的产物，意识是社会的产物的科学结论。

---

① 中共中央马克思恩格斯列宁斯大林著作编译局. 马克思恩格斯选集·第四卷. 北京：人民出版社，2012：234.

② 中共中央马克思恩格斯列宁斯大林著作编译局. 马克思恩格斯选集·第一卷. 北京：人民出版社，2012：161.

（3）对意识的本质与作用进行了科学诠释，阐明了意识的客观性、能动性与辩证性。从表现形式与现象来说，意识是物质漫长演化发展到高级阶段的高阶现象，是一种客观存在的现象，具有客观性。从前提、基础与内容上说，意识是人脑这一特殊物质器官对现实世界的反映，并随着自然界、社会的长期发展逐渐产生和完善，这不仅赋予意识客观性，又具有能动性。从本质、功能与作用上讲，意识是人脑特有的机能和属性，意识一经产生，就对包括人脑在内的物质世界起反作用，具有辩证性。

恩格斯在《反杜林论》中就明确指出意识和思维实际上都是人脑的产物。列宁则更进一步提出意识是人脑的机能，指出马克思主义哲学中意识的本质是运动着的物质的特性。"物质的运动不仅仅是粗糙的机械运动、单纯的位置移动，它也是热和光、电压和磁压、化学的化合和分解、生命乃至意识。"[①]这表明，恩格斯在对物质运动的解读上，无论是物理的电磁运动、化学的分子运动，还是大脑的意识运动，统统都是物质的运动，都归属运动的范畴，这是超越旧唯物主义的彻底的唯物主义一元论的鲜明体现，为进一步理解意识的作用问题、揭开其奥秘奠定了基础。

（4）从物质与意识的关系上，明确指出物质第一性，意识第二性。物质具有最高的抽象性和最广泛的普遍性，是从现实存在的一切物质形态中抽象出来的。而意识只是自然界发展到一定阶段，出现在人身上的一种特殊属性，成为区别于动物的重要标志。无论意识、思维看起来多么超感觉，都是物质的产物，是自然、社会长期发展的产物。

同时，在强调物质对意识的决定作用时，又提出了意识对物质具

---

① 中共中央马克思恩格斯列宁斯大林著作编译局.马克思恩格斯选集·第三卷.北京：人民出版社，2012：862.

有反作用。意识具有目的性、计划性、创造性，能够指导人们改造世界，甚至能够指导、控制人的行为和生理活动。而这成为与旧唯物主义意识论相区别的重要方面。必须明确的是，物质与意识的对立是有严格的条件限制的。只有在哲学基本问题的第一个方面内容上，即在物质与意识二者的关系中，谁是第一性的、谁是第二性的这个意义上才有绝对的意义。超出这个范围，这种对立无疑是相对的[①]。可见，"物质与意识是对立的"这个结论成立的范围是极其有限的，不能泛化。

总的来说，马克思主义意识论坚持唯物主义的物质本体论，认为世界上的存在只有一种，除了物质，什么也没有。意识只是一种依附性的存在，不具有实体意义。它是由物质决定的，随着进化发展才由其物质载体表现出来，作为物质运动的存在方式和表现形式。因此，如果能真正理解马克思主义意识论的深刻内涵，就能揭开意识的神秘性，应对二元论的挑战与威胁。

2. 哲学的基本问题

任何一种哲学都无法回避的基本问题就是思维和存在的关系问题。马克思主义意识论对哲学的基本问题做出了明确回答。但是，如果我们将意识理解为物质的运动形式，那么关于哲学的基本问题又该如何理解呢？

事实上，哲学基本问题虽然贯穿哲学史的始终，具有重要地位，但一开始并不是一个真正有解的问题，而是一个虚假的问题。恩格斯明确提出，"思维对存在、精神对自然界的关系问题，全部哲学的最高问题，像一切宗教一样，其根源在于蒙昧时代的愚昧无知的观念"[②]。其虚假性的前提，就注定了根本上是错误的。近代以来，世界的本原

① 中共中央马克思恩格斯列宁斯大林著作编译局.列宁选集·第二卷.北京：人民出版社，2012：73.

② 中共中央马克思恩格斯列宁斯大林著作编译局.马克思恩格斯选集·第四卷.北京：人民出版社，2012：230.

究竟是什么，精神或意识能否成为本原的追问，才使得哲学的基本问题变成真正有意义、有解的问题。

马克思主义在哲学基本问题上，既明确指出意识与物质的对立，提出这种对立是划分唯物主义和唯心主义的重要标志，又指出这种对立并不是绝对的，只是相对的。作为哲学范畴的物质和意识所处的地位是不平等的，物质决定意识，意识没有与物质同等的本体论地位，不能将二者当作绝对对立的东西。绝对的对立只会陷入属性二元论的境地，这是马克思主义坚决反对的。同时，将唯物主义从自然界贯彻到人类历史、思维领域，坚持了彻底的唯物主义，实现了本体论的变革，以及对二元论的解构与颠覆。

另外，马克思主义意识论从本质上讲是一种心灵哲学，它集中探讨了意识的起源、本质、特征等问题。根据高新民先生的广义心灵哲学论纲，意识论就是心灵哲学，它包括体和用两大领域。体，即意识或心灵之体，主要从"体"的方面来研究意识、心理语言的本质特征，各种心理现象的共同本质，心身关系等。用，则是以心灵之"用"为对象，主要研究心灵对人的生存、生活质量的妙用，包括幸福观、苦乐观、解脱论等。马克思主义意识论对心灵本质、心理与大脑、意识的作用和机制等问题的揭示和解答，本质上就是一种独特的心灵哲学理论，并且为我们进一步探讨心灵哲学相关问题提供了理论出发点和方法论原则。

## 三、马克思主义意识论面临的挑战

马克思主义意识论有丰富的内涵，对意识问题做出了超前、新颖的解答，甚至在今天，随着科学发展的进一步论证，仍不失其科学性。

（1）马克思主义作为科学的理论体系，具有强大的生命力和远大的发展前途。其之所以具有强大生命力，一个重要原因就在于理论的开放性，不仅与现实结合，更不断吸取优秀的、先进的理论成果，从而始终保持自身的先进性和科学性。

马克思主义经典作家创立意识论的科学背景和事实基础在今天有了巨大的变化。特别是近30年来，心理学、生理学、脑科学等具体科学的发展，都为意识研究提供了许多新的材料、方法和手段。马克思主义意识论需要随着时代、科学的发展，不断推进理论的更新。

（2）马克思主义经典作家出于对资本主义社会现实的关注、对工人阶级生存状态的深刻同情，他们的理论侧重点主要在于对唯物史观、对资本主义政治经济学的分析与研究，对科学社会主义的美好构想等方面。因而，在确立了自然哲学中唯物主义的立场之后，将更多的精力放在了社会历史领域，放在了对人类社会发展必然性的分析与论证之中，而对意识究竟是什么没有给予详细的研究，做出的多是一些原则性的、笼统的阐述。后来的学者在对马克思主义意识论进行分析与解读时，易出现误读和歪曲的现象。分析马克思主义流派的代表人物埃尔斯特（Elster）就曾认为，马克思关于意识的论证提供了一种唯物主义的方向，以及这种方向上的任何可能的版本。国内一些研究者也指出，在马克思主义意识论的研究中，有那么一些人基于理解的前视角的错误，在对马克思主义意识思想的解读、解释与理解上，造成误读、误释和误解，以至于将马克思主义意识论推向了属性二元，从而陷入一元论与二元论相矛盾的境地。

马克思主义意识论强调意识不是独立的实体，它要产生作用依赖的是人的大脑。今天的科学研究也不断证明人脑中不存在超物质的主宰。我们需要不断深入挖掘马克思主义意识论的科学内涵，从而做出正确的解读。

（3）随着科学技术的飞速发展，近年来西方哲学特别是心灵哲学有了突飞猛进的进展。无论是研究的问题、涉及的范围，还是探讨的水平和深度，都有进步，也出现了许多马克思主义意识论没有触及过的问题，如他心知问题、自我意识问题、语义学问题等，再加上新二元论的出现，无疑给马克思主义意识论带来了挑战。

在意识的本质问题上，马克思主义意识论始终坚持唯物主义的立场，认为意识是特殊的物质——人脑的机能和属性。但何为机能和属性呢？一方面，如果我们从语义上分析，机能和属性指的是大脑的一种生理或物理的性质。但无论是生理的还是物理的，都只是指出意识是大脑的作用的产物。然而，这一简单的说明并不能揭示出意识的本质特点。另一方面，如果把意识理解为大脑的物理功能或属性，意味着将心理还原为了物理，那么无论这个属性高级还是低级，都会陷入还原论。如果把意识理解为高于或不等同于物理属性的话，又会落入属性二元论的困境。

虽然突现论的出现对这些挑战给予了回击，但马克思主义意识论的回应较少。在主观特性假说上，内格尔、杰克逊等想通过思想实验，证明物理世界之外还有非物理的、精神性的东西存在，认为世界是二元的。马克思主义意识论认为世界是物质的，意识只不过是人脑的机能和属性，而要说清楚这些，势必要对机能和属性做出详细的说明，并且采用新的研究方案和思路，避免落入还原论、二元论、取消论的困境。

从意识的内容来看，马克思主义意识论认为，意识是对客观世界的反映，这无疑表明了意识与对象主客二分的关系。虽然实践作为主观与客观的中介，但尚不清楚客观事物是如何进入主观中形成意识的。根据科学发现，意识产生前后，人的大脑内部有了电反应的变化，能呈现出关于外界的图景。意识虽然是主观的，但一经产生，又是客观存在的。这些都是马克思主义意识论需要解答的问题。

同时，意识不仅仅作为一种机能、属性而存在，还表现为心理的内容，具有语义性。一定的心理状态，如相信、认为、期望等，有其内容，并表现为命题。例如，"相信天要下雨"就是一种命题态度，也是意识的内容。虽然马克思主义意识论对此已经提到，但意识如何反映物质，即意识怎样关涉它之外的事实等问题仍然值得思考。

马克思主义既强调意识的物质基础，又非常重视意识对物质的能动的反作用。意识的反作用表明，意识不是随附的无用的副现象，而是大脑的机能。科学早已证明，物质之间的作用与反作用是最基本的、普遍存在的现象。作为主观的、没有本体论地位的意识不能直接作用于物质。

科学技术、西方心灵哲学等的新成果，对马克思主义意识论提出的挑战远不止于此。它们随着时代的进步与发展，不断提出新的问题，而这些问题又成为马克思主义意识论进一步发展的契机。作为马克思主义的理论工作者，需要紧跟时代、科学发展的步伐，积极推进理论的更新与完善，使马克思主义永葆生机和活力。

## 第三节　二元论的发展对马克思主义哲学的启示

马克思主义作为一种开放的哲学，是在积极吸取人类历史上优秀成果的基础上建立起来的，包括德国古典哲学、英国政治经济学、法国空想社会主义等。对于二元论，马克思主义虽然也进行了深刻的批判，但对其中意识的能动作用却是肯定的，正如马克思所说，"唯心主义却把能动的方面抽象地发展了"[①]。石倬英先生曾详细说道："二元

---

① 中共中央马克思恩格斯列宁斯大林著作编译局.马克思恩格斯选集·第一卷.北京：人民出版社，2012：133.

论是哲学发展的必不可少的环节，是唯心主义与唯物主义互相转化的过渡桥梁……二元论是独立的世界观，是唯物主义与唯心主义的中间形态。"① 尽管马克思主义坚持彻底的唯物主义，反对二元论，但也需要吸取其中的合理因素来发展自身。

意识问题是对人类思维的一种挑战，在唯物主义解答陷入困境的情况下，新二元论利用科学新成果对意识问题所做出的回答，成为意识研究的重要内容。虽然二元论本质上是错误的，但它的出现无疑提供了一种很好的解释方向与路径，提供了对意识思考的新的角度，对促进唯物主义、马克思主义的发展具有重要意义。新二元论是在 20 世纪 70 年代后发展起来的，尽管形式新颖，但从思想、内容等方面来说，还存在很多不完善的地方，其论证大多建立在思想实验、想象的基础上，缺乏科学实证性。如何吸收其中的合理成分为马克思主义所用，成为当代理论工作者需要思考的问题。

意识问题不仅是哲学的基本问题，也是当代心灵哲学和科学研究的前沿性课题，对于马克思主义的发展自然具有重要的意义。时代的发展、新问题的产生，对任何既有的理论都会形成冲击，需要包括马克思主义在内的已有理论做出新的回答。其实，看似坏事、难事的质疑与挑战，可以转化成马克思主义发展的动力与推力。马克思主义必须直面挑战、直面问题、直面现实，这本是马克思主义发展的题中应有之义。

## 一、突破思维定式，深刻挖掘马克思主义的科学内涵

通过对马克思主义意识论研究现状的分析，我们可以看到，由于受传统思维定式和视野的影响，对马克思主义经典文本进行解读时，

---

① 石倬英. 二元论哲学评价. 国内哲学动态，1981，（11）：32-33.

存在墨守成规的现象，甚至是误读，导致对意识的粗浅理解和陷入逻辑困境。事实上，马克思主义意识论内涵丰富，具有自己独特的理论范式。只不过长期以来，由于解释上的欠缺，其内在的科学思想并未被充分解读出来。

库恩（Kuhn）的范式理论揭示出科学理论体系的联系性、整体性及内在结构性，范式成为影响研究的重要方面，同时，科学史的发展也表明范式是开放的、可发展的。马克思主义哲学包含着其自身的本体论承诺、基本原则、基本理论、研究方法等，是一种独特的理论范式。因此，我们需要不断挖掘文本、突破传统思维方式、吸取最新科技成果、改变研究策略等，建立起科学、规范、系统的马克思主义哲学的范式体系，促进马克思主义的发展。在这一点上，埃德尔曼的研究提供了一套全新的心灵哲学研究范式。首先，通过对意识、心理现象的本体论承诺，将意识研究转化为科学问题，并建立起了物理假说、进化假说和主观特性假说。然后，在此基础上提出动态核心假说，以及通过大量的实证研究来分析意识的机制、本质、特点等。最后再利用选择主义学说，结合社会历史与生物学知识，考察意识、心灵的进化历程，揭示出人类精神、心理的一般演化机制，达到对人类意识的深刻分析。这一系列的研究纲领和理论范式都为我们进一步发展、完善马克思主义意识论提供了非常有价值的借鉴和参考。

## 二、积极关注现实，吸取一切有利的方面来发展自身

马克思主义作为科学的理论体系，坚持以科学为基础，理论与实践相结合，实事求是，与时俱进。然而，随着自然科学、西方哲学尤其是心灵哲学的飞速发展，不少人对马克思主义理论的认识，仍然停留在马克思主义经典作家提出的理论观点，对现当代科学技术发展的

成果充耳不闻，缺乏理论改革、创新的勇气和胆量，或者创新停留于表层。面对科学发展带来的一系列问题，相关探讨滞后。作为科学的理论体系，马克思主义必须积极关注现实，站在新科技的基础上与时俱进，利用一切有益成果来发展自身。

一方面，要运用最新科技成果，实现理论的与时俱进。放眼世界，关于脑科学、意识的研究，已经取得了一定的成就，这就要求我们积极关注和分析，及时了解、跟踪西方学术发展的前沿与动向，深化我们对心身关系问题和世界结构图景的认识，确切地把握哲学基本问题，对最新成果进行吸收、消化和提炼，推动自身的发展。另一方面，切实回应当代科学、哲学提出的新问题。在新的时代背景下，心灵哲学的发展、新二元论的出现，在对马克思主义提出挑战的同时，也提供了发展的新契机。新二元论保有二元论的残迹，但有了新的发展，对于意识问题有了更为深入的研究。它提出的许多独特论证与思想内容，为意识问题的研究与解答提出了新的思路。马克思主义可以在批判、吸收新二元论中不断前进。

## 三、有效开展跨学科合作，实现研究方法和手段的革新

长久以来，意识问题一直是困扰人们的难题，其中一个重要的原因就在于缺乏对意识的直接的科学研究，主要是通过间接的方式来认识，阻碍了意识之谜的揭示。随着当代哲学、脑科学、神经科学的发展，我们看到意识问题不仅是哲学问题，也涉及心理学、脑科学、计算机等众多学科。原有的理论模式不适应当前问题的研究，需要广泛开展多学科的联合，为意识研究提供新的解答方式。当前许多的自然科学范式也已经进入了意识研究领域，在一定程度上提升了我们对于

意识的更深层认识，但也暴露出一些问题：各学科往往各自为政，从自身学科的角度进行解读，缺乏有效联合。各科学家、哲学家由于自身知识背景和结构的不同，研究问题的侧重点和视角也就不同，从而造成对意识问题解读上的差异。从目前情况看，意识研究的深入化，多学科、多视角研究势在必行，应采取措施，推动不同学科在同一个平台上密切、有效合作，这是时代给予我们的挑战，也是急需解决的难题。

同时，要实现研究手段和方法的革新。随着科技的发展，意识、心理的研究有巨大的发展，认知科学、神经科学、计算机科学、人工智能等新兴学科为意识的研究提供了十分丰富的材料和手段，如微电极细胞内记录法、磁共振成像技术、现代心理分析法、语言分析法、各种仿真技术方法等，都成为意识研究可资借鉴的方法。

## 四、坚守马克思主义哲学的思想信念

意识问题已经成为当今科学研究的重要问题，不仅与人工智能、FP等科学、哲学的发展相关，也与日常生活中人们的信仰、道德责任等息息相关。我们既要重视科学的实证作用，又要注重哲学思想的正确引导，推动意识研究的发展。

虽然面对二元论的质疑与挑战，但马克思主义的基本理论无疑是正确的。马克思主义作为科学的唯物主义，始终坚持正确的立场，对世界的物质性做出了全面的阐释，对于我们认清二元论的本质，坚持彻底、科学的唯物主义具有重要作用，必须始终坚持。

同时，二元论产生的一个重要原因在于对科学成果的多样解读。而此时，科学家的信念、信仰就变得尤为重要。通常，人们认为信念是宗教的基础，科学只讲实证，与信念无关。但事实上，科学与哲学、宗教类似，都是建筑在信念之上。科学家的信念是科学家进行科学实验，形成认知目标、方法、价值判断等的重要条件，内化到科学研究的纲领、规范结构、思维方式之中，为科学家和科学技术提供了认识论、方法论和价值观的前提，负载着科学家的价值取向、道德判断、道德良知和社会责任。因此，推动马克思主义的变革与发展，我们必须始终坚守其思想和信念不动摇。

## 第四节　二元论的发展对科学发展的启示

对于科学家及其理论，我们既要尊重他们的创新精神与成就，又要具体分析他们的错误并引以为戒。

### 一、科学成果具有可多样解读性

纵观人类科学史会发现，科学进步成果的产生依赖于许多的涵养，其沃土并非唯物主义独有，这是造成科学成果具有可多样解读性的重要基础，又是同样的科学事实会产生不同解释、不同解读的重要原因，也是科学史常见的或普遍存在的现象。例如，围绕量子力学的理解与诠释，科学家们展开了激烈的论战。面对这些情况，马克思主义哲学应发出自己的声音，做出自己的回答。当前，如何立足于各门具体学科的最新成果，分析当代西方哲学提出的新理论并加以借鉴，从而丰富和发展马克思主义的唯物主义，已成为我们这个时代的重大课题。马克思主义哲学的科学性、实践性、革命性、发展性决定了它必定同社会实践和科学的进程相向而行，不断地消化、吸收、利用科学成果，与时俱进，而且要回应当代二元论提出的难题与挑战，提炼、借鉴和转化现当代特别是当代西方哲学有价值的资源，以更加广阔的视野来思考和解答意识之谜，推进马克思主义意识论的创新。

## 二、科学家须"三观"正确

这里的"三观"指世界观、历史观与人生观。世界观承载着科学家对世界的本体论承诺，主要表现为对自然的看法。任何致力于科学研究的人，都有一定的对世界的基本看法和立场，作为对世界的基本信念。科学家的历史观是指，在世界观基础上形成的关于科学本质及其发展的基本观念，是科学家实现对科学及其历史性质与价值判断的重要方面。它激励着科学家不断探索科学的真理。人生观则体现为科学家的道德态度与价值观念，它负载着科学家的价值取向、道德判断、道德良知和社会责任，从而使科学家在实现科学技术的应用与转化时，能够自觉规范行为，承担相应的社会责任，等等。总之，科学家的"三观"已经内化于科学研究之中，成为科学研究的基础。

## 三、科学应当与哲学结盟

客观地说，科学家犯二元论错误并不奇怪，因为科学认识活动本身就是从已知走向未知的过程，也是不断证伪的过程，更何况是对复杂的人脑的认识。科学史家丹皮尔曾提出，科学家与哲学家互相指责，某些科学家甚至认为要在工作中扫除一切哲学影响。

实际上，在人脑与意识等问题的研究中，仅依赖某一种学科的做法是行不通的。揭秘意识的宇宙需要气魄与大智慧，狭窄的视野、单一的思维方式、孤立的方法和手段难担此大任。因此，科学与唯物主义应携手共进，科学促进唯物主义的发展，唯物主义也应当为科学服务。例如，当科学受到强烈的质疑、陷入二元论等困境之时，哲学应为其辩护，这种辩护可表现在以下几方面。①以实验事实为根据的科学理论，如果与某种哲学信条相冲突，应被容许存在。②凡按一定的科学程序提出的假说，哲学要为它的生存权利辩护。③当新科学思想刚产生还未被公众接受时，应积极进行理论阐释和理论宣传。在这些方面，哲学应当有所作为，也是可以有所作为的。

## 四、公众理解科学

在科学时代，作为体制化的科学要求科学家从事科学研究如同社会其他行业一样，有其职业要求和行为规范。因此，社会公众对于科学与科学家应有一颗"平常心"。我们对科学、科学家既不能无视、无知，也不能盲从、迷信。从社会体制看，在长期的科学技术实践活动中，人类形成了一套与科学本身的要求相一致的科学态度、科学精神、行为规范与价值观念，如实事求是、怀疑批判、勇于探索、无私奉献等精神。默顿将科学家应普遍遵守的基本价值规范提炼为普遍主义、公有主义、无私利性和有条理的怀疑主义。说到底，科学的最终目的是造福于人类。

# 参考文献

埃德尔曼，托诺尼．意识的宇宙：物质如何转变为精神．顾凡及译．上海：上海科学技术出版社，2004.

埃尔温·薛定谔．自然与希腊人 科学与人文主义．张卜天译．北京：商务印书馆，2015.

埃尔温·薛定谔．生命是什么．罗来鸥，罗辽夏译．长沙：湖南科学技术出版社，2018.

埃尔温·薛定谔．生命是什么？——活细胞的物理观．张卜天译．北京：商务印书馆，2014.

埃尔温·薛定谔．薛定谔生命物理学讲义．赖海强译．北京：北京联合出版公司，2017.

柏拉图．柏拉图全集·第二卷．王晓朝译．北京：人民出版社，2003.

柏拉图．柏拉图全集·第三卷．王晓朝译．北京：人民出版社，2003.

北京大学哲学系外国哲学史教研室．古希腊罗马哲学．北京：商务印书馆，1961.

贝内特，哈克．神经科学的哲学基础．张立，等译．杭州：浙江大学出版社，2008.

查尔斯·尼科尔．达·芬奇传：放飞的心灵．朱振武，赵永健，刘略昌译．武汉：湖北长江出版集团，长江文艺出版社，2006.

陈澔注，金晓东校点．礼记．上海：上海古籍出版社，2016.

方向东．大戴礼记汇校集解．北京：中华书局，2008.

高新民．心灵与身体：心灵哲学中的新二元论探微．北京：商务印书馆，2012.

高新民，刘占峰，等．心灵的解构．北京：中国社会科学出版社，2005.

高新民，王世鹏．西方心灵哲学的困境与中国心灵哲学的建构．福建论坛（人文社会科学版），2014，(1)：72-78.

高新民，殷筱. 马克思主义意识论阐释的几个问题. 哲学研究，2006，(11)：16-22.

高新民，张卫国. 二元论的东山再起. 江汉论坛，2012，(4)：32-37.

胡塞尔. 欧洲科学的危机与超越论的现象学. 王炳文译. 北京：商务印书馆，2001.

里查德·道金斯. 自私的基因. 卢允中，张岱云，王兵译. 长春：吉林人民出版社，1998.

洛伊斯·N. 玛格纳. 生命科学史. 李难，崔极谦，王水平译. 天津：百花文艺出版社，2002.

麦金. C. 神秘的火焰：物理世界中有意识的心灵. 刘明海译. 北京：商务印书馆，2015.

苗力田，李毓章. 西方哲学史新编. 北京：人民出版社，1990.

乃文. 奥义书. 黄宝生译. 北京：商务印书馆，2010.

丘奇兰德. 大脑状态的还原、本质特性和直接内省. 高地译. 世界哲学，1987，(6)：30-39.

上海外国自然科学哲学著作编译组. 外国自然科学哲学：第一期. 上海：上海人民出版社，1976.

石倬英. 二元论哲学评价. 国内哲学动态，1981，(11)：32-33.

汪子嵩，等. 希腊哲学史·第二卷. 北京：人民出版社，1993.

威廉·巴雷特. 非理性的人. 段德智译. 上海：上海译文出版社，2012.

吴胜锋. 当代西方心灵哲学中的二元论研究. 北京：中国社会科学出版社，2013.

许慎撰，徐铉校定，愚若注音. 注音版说文解字. 北京：中华书局，2015.

严国红，高新民. 意识的"困难问题"与新二元论的阐释. 福建论坛（人文社会科学版），2009，(6)：41-45.

杨足仪. 西西弗斯的石头：科学中的形而上学. 北京：科学出版社，2008.

杨足仪. 当代脑科学成果的多样性解读. 科学技术哲学研究，2016，33(6)：12-16.

杨足仪，李娟仙. 意识研究中的二元论及其困境. 自然辩证法研究，2017，33(2)：110-113.

杨足仪，向鹭娟. 死亡哲学：理性思考死亡，感悟生命的意义. 北京：中国友谊出版公司，2018.

叶芝，等. 纯品诗歌. 武汉：长江文艺出版社，2011.

约翰·海尔. 当代心灵哲学导论. 高新民，殷筱，徐弢译. 北京：中国人民大学出版社，2006.

约翰C，埃克尔斯. 脑的进化：自我意识的创生. 潘泓译. 上海：上海科技教育出版社，2007.

赵晓春，徐楠. 薛定谔. 上海：上海交通大学出版社，2009.

中共中央马克思恩格斯列宁斯大林著作编译局. 列宁选集·第二卷. 北京：人民出版社，2012.

中共中央马克思恩格斯列宁斯大林著作编译局. 马克思恩格斯选集·第四卷. 北京：人民出版社，1995.

中共中央马克思恩格斯列宁斯大林著作编译局. 马克思恩格斯文集·第九卷. 北京：人民出版社，2009.

Eccles J C. Facing Reality: Philosophical Adventures by a Brain Scientist. New York: Springer, 2013.

Eccles J C. How the SELF Controls Its BRAIN. Berlin, Heidelberg: Springer Science & Business Media, 2012.

Karczmar A G. Sir John Eccles, 1903-1997: part 2: the brain as a machine or as a site of free will? Perspectives in Biology and Medicine, 2001, 44(2): 250-262.

Libet B. Mind Time: The Temporal Factor in Consciousness. Cambridge: Harvard University Press, 2004.

Libet B. Neurophysiology of Consciousness: Selected Papers and New Essays by Benjamin Libet: Prologue. New York: Springer, 1993.

Lycan W. Mind and Cognition: A Reader. Cambridge: Blackwell, 1990.

# 后 记

　　本书是国家社会科学基金一般项目"当代西方神经科学中的二元论研究"的终期成果，连同课题的其他成果都得益于项目资助，借本书出版之机特别向课题组成员表达诚挚谢意！

　　本书是课题团队集体合作的结果。项目立项后，主持人拟定了写作大纲、写作计划及重要资料来源，明确了各子课题的任务分工。在前期研究成果的基础上，完成了各子课题的初稿撰写，由主持人统稿和修改。具体分工如下：导论和第一章由杨足仪博士完成，第二章、第三章、第四章、第五章分别由王世鹏博士、陈吉胜博士、周艳红博士、向鹭娟博士完成，宋荣博士、柯文涌博士、张卫博士完成阶段性论文，张钰博士和丁茜博士做文献资料的收集和整理工作。

　　本书的出版得到了科学出版社领导和编辑的大力支持，特别是刘红晋老师和任俊红老师，从合同签订、书稿编校到著作出版，事无巨细。还有华中师范大学社科处的卞雅琴老师、华中师范大学马克思主义学院的毛华兵副院长、孙永祥书记、万美容院长等的大力支持与帮助。在此，向对本书的完成做出奉献的所有同志一并谨致衷心的感谢！本书涉及的主题是当代科学最前沿的学术领域，是需要多学科、多领域协同攻关的课题。我们的研究是尝试性的，如有纰漏、纰缪，敬请读者批评指正。

杨足仪

2024 年 3 月 14 日